SIBERIAN HUSKY

von Silvia Roppelt
Nicole Perfeller

SIBERIAN HUSKY

Impressum
Copyright © 2008 by Cadmos Verlag GmbH, Brunsbek
Gestaltung und Satz: Ravenstein + Partner, Verden
Titelfoto: Tierfotoagentur/Ramona Richter
Lektorat: Maren Müller
Druck: agensketterl Druckerei, Mauerbach

Alle Rechte vorbehalten.

Abdruck oder Speicherung in elektronischen Medien nur nach
vorheriger schriftlicher Genehmigung durch den Verlag.

Printed in Austria

ISBN 978-3-86127-758-3

INHALT

Der charismatische
Siberian Husky......... 8

Die Geschichte einer
faszinierenden Rasse..... 10
    Ursprung und Geschichte......... 11
    Der Siberian Husky
    erobert Deutschland............. 12
    „Showdog" oder „Working
    Siberian Husky" –
    Unterschiede und Entwicklung..... 13
    Rasseporträt.................... 14
        Auszug aus dem FCI-Rassestandard.... 16
        Aussehen und Farbenvielfalt......... 18
        Charakter....................... 18
    Wissenswertes zur Zucht.......... 20
        Von der Ausstellung bis zur Zucht..... 20
        Den richtigen Züchter finden......... 21
        Papierkram..................... 23

Eleganz und Eigenwilligkeit
auf vier Pfoten......... 24
    Achtung – Action!.............. 25
        Langeweile ist tabu!................ 25
        Frühling, Sommer,
        Herbst und Winter.................. 26
    Kommunikation Husky – Mensch... 28
    Lebensräume 30
        Haltung im Zwinger oder im Haus?.... 30
        Der Zwinger 32
        Fort Knox – unbedingt
        ausbruchssicher!................... 34
    Einzelhund oder Rudel?.......... 35
    Die Qual der Wahl.............. 37

Was Hänschen
nicht lernt.............. 40
    Einen Husky kann man
    nicht erziehen!?................ 41
    Entwicklung und Sozialisierung.... 42
    Clevere Taktiken für eine
    erfolgreiche Erziehung.......... 45
    Hase oder Leckerli?............. 47

Der Siberian Husky ist ein Arbeitshund 49

Schlittenhundesport – unendliche Möglichkeiten mit und ohne Schnee 50

Schlittenhunderennen 51

    Vereinsstruktur in Deutschland 54

Canicross, Bikejöring und Skijöring 54

Das „Huskyvirus" und seine Folgen 57

    Equipment 58

    Komfortabel reisen 59

Training und Ernährung 60

    Die spielerische Vorbereitung des Junghundes 60

Solides Aufbautraining 61

Wasserhaushalt und optimale Ernährung 63

Alternative Beschäftigungsmöglichkeiten 64

Gesundheit und Pflege 66

Eine naturgesunde Rasse 67

Stoffwechsel 67

Bewegungsapparat 67

Weniger ist mehr: Fellpflege 68

Kleine Plagegeister 69

Krallen und Ballen – „No feet no dog" 69

Inhalt

Ein ganzes Schlitten-
hundeleben lang 70
    Wann ist ein Husky alt?. 71
    Bewegung und Sport mit Senioren. . . 71
    Ernährung und Supplementierung
    für Senioren. 72
    Typische Wehwehchen
    der Senioren. 72

Die Familie
der Schlittenhunde 73
    Andere FCI-Schlittenhunde. 74
    Schlittenhunde ohne
    Rassereglement 74

Wichtige Adressen rund
um den Siberian Husky 76

Über die Autorinnen 77

Stichwortregister 79

Der charismatische Siberian Husky

(Foto: Juszczyk)

Der charismatische Siberian Husky

Um kaum eine andere Hunderasse ranken sich so viele Mythen und Legenden wie um den charismatischen Siberian Husky.

Nach wie vor im hohen Norden neben modernen Motorschlitten als lebenswichtiges Transportmittel und Begleiter eingesetzt und bekannt aus unzähligen Geschichten und Erzählungen, sind diese ursprünglichen Hunde für viele Menschen die Verkörperung von Freiheit und Abenteuer. Aus diesem von Film und Fernsehen geförderten Mythos resultiert leider häufig der Wunsch, sich mit dem Kauf eines blauäugigen kleinen Wolfs einen Hauch von Abenteuer und schneebedeckter endloser Weite in das eigene Wohnzimmer zu holen. Eine schlechtere Motivation für den Kauf eines Siberian Huskys kann es allerdings nicht geben. Derart undurchdachte Partnerschaften enden meist nach kurzer Zeit in Tierheim und Desaster.

Dieses Buch richtet sich an alle, die sich für den wahren Siberian Husky interessieren, für das Wesen und den Charakter hinter dem – zugegeben bildschönen – Äußeren: an diejenigen also, die ihren Hund besser verstehen und sich über mehr als blaue Augen informieren möchten. Es kann und soll allerdings keine simple Gebrauchsanleitung sein, sondern zu einem besseren und tiefer gehenden Verständnis der Rasse, ihrer Besonderheiten, Eigenheiten und Bedürfnisse verhelfen. Nur wer seinen Hund kennt und versteht, kann wirklich alle Facetten des Zusammenlebens mit dem Siberian Husky vom Welpen bis zum Senior begreifen und erleben.

Um möglichst all diese Facetten des Zusammenlebens erfassen und darstellen zu können, haben wir nicht nur auf unsere eigenen persönlichen Erfahrungen zurückgegriffen, sondern von dem Wissen vieler anderer profitiert. Wir möchten uns daher von ganzem Herzen bei all denjenigen bedanken, die uns mit ihrem Vorbild, ihren Erzählungen und ihrem Rat geholfen und uns unterstützt haben.

(Foto: Juszczyk)

Die Geschichte
einer faszinierenden Rasse

Erst im Jahre 1930 wurde die Rasse „Siberian Husky" vom American Kennel Club (AKC) anerkannt und der erste Standard festgelegt. Tatsächlich lassen sich die Wurzeln dieser Hunde jedoch über Jahrtausende bis in das östliche Sibirien zurückverfolgen.

Die Geschichte einer faszinierenden Rasse

Ursprung und Geschichte

Die Geschichte des Siberian Huskys lässt sich mehr als viertausend Jahre zurückverfolgen. Seine Vorfahren begleiteten die Nomadenvölker des nördlichen Sibiriens, deren einziges Fortbewegungsmittel der Hundeschlitten war, auf Wanderungen und zur Jagd. Nach Ansicht einiger Historiker begann die eigentliche Zucht vor mehr als dreitausend Jahren, als der Volksstamm der Tschuktschen begann, planvoll in die Vermehrung einzugreifen. Die geschah insbesondere durch Kastration ungeeigneter Tiere, sodass sich lediglich diejenigen Tiere mit den besten Eigenschaften fortpflanzen konnten. Forciert wurden Schnelligkeit, Ausdauer und die Fähigkeit, lange Strecken mit geringem Energiebedarf zurücklegen zu können.

Schlittenhunde wurden nicht nur in Sibirien, sondern überall, wo aufgrund der Witterungsbedingungen der Hundeschlitten das einzige mögliche Transportmittel war, als Arbeitshunde eingesetzt. Auch für die Goldsucher Nordamerikas waren Schlittenhundegespanne von entscheidender Bedeutung. Der russische Pelzhändler William Goosak brachte die Siberian Huskys Anfang des 20. Jahrhunderts aus seiner Heimat mit nach Alaska und erntete zunächst nur Spott für die vergleichsweise kleinen Tiere. 1909 verschlug es den Spöttern die Sprache, als er auf Anhieb den dritten Platz bei dem historischen Rennen „All Alaskan Sweepstake" erreichte. Im darauffolgenden Jahr belegten Siberian-Husky-Gespanne den ersten, zweiten und vierten Platz. Daraufhin nahm der Import der Hunde aus Sibirien zu.

Im Januar 1925 brach in Nome (Alaska) eine Diphtherieepidemie aus. Das vorhandene Serum reichte zur Behandlung der Erkrankten nicht aus, sondern musste aus dem weit entfernt liegenden Ort Nenana herbeigeschafft werden, was zur damaligen Zeit und Jahreszeit nur mit dem Hundeschlitten zu bewerkstelligen war. In einem dramatischen Wettlauf gegen den Tod über eine Strecke von 674 Meilen setzten viele Schlittenhundefahrer (Musher), darunter Inuit, Trapper und Indianer, ihr Leben aufs Spiel. Das Serum wurde wie bei einem Staffellauf von Musher zu Musher übergeben. Nach einer Woche erreichte Gunnar Kasson mit seinem Leithund Balto, einem Vorfahren der heutigen Schlittenhunde, und dem lebensrettenden Serum am 2. Februar 1925 Nome. Als Erinnerung wurde Baltos Statue mit der Inschrift „Endurance, Fidelity, Intelligence" (Ausdauer, Treue, Verstand) im Central Park von New York aufgestellt.

Einer der Teilnehmer des Serumtransports war Leonard Seppala. Er begann als Erster mit der systematischen Zucht von Siberian Huskys. Sein Ziel waren Hunde mit einem einheitlichen Aussehen, die etwas größer sein sollten als die, die aus Sibirien nach Alaska importiert worden waren. Seine erfolgreichsten Hunde verkaufte er nach Kanada und in die USA, wo sie als Basis für die dortige Zucht dienten und so den Grundstock der Rasse bildeten.

Der Siberian Husky erobert Deutschland

Mitte des 20. Jahrhunderts kamen die ersten Siberian Huskys nach Europa. Der erste Zuchtzwinger wurde in Schweden gegründet. Hunde von Leonard Seppala sowie aus dem auch heute noch aktiven alaskischen „Anadyr"-Kennel bildeten die Basis. 1967 wurde mit „Kamtschatka's Burning Daylight", gezüchtet von dem Schweizer Richter und Rassespezialisten Thomas Althaus, der erste Siberian Husky in Deutschland registriert. Es folgten weitere Importe aus den Niederlanden, Dänemark und den USA (Colorado). 1972 gründete Anneliese Braun-Witschel unter dem Namen „Alka-Shan" einen der größten und erfolgreichsten deutschen Zuchtzwinger, in dem 1973 der erste Wurf (aus einer amerikanischen Hündin und einem holländischen Rüden) zur Welt kam.

Am 3. Februar 1973 fand in Bad Sooden-Allendorf das erste Schlittenhunderennen mit damals nur 16 Teilnehmern statt. Zu diesem Zeitpunkt wurden sowohl Zucht als auch Sport vom DCNH (Deutscher Club für Nordische Hunde e. V.) betreut. Der erste deutsche Sportverein für Schlittenhunde wurde 1983 mit dem DSSV (Deutscher Schlittenhundesport-Verband e. V.) als gemeinnütziger Verein ohne jede Bindung zu einem Zuchtverein gegründet.

Anneliese Braun-Witschel mit einem ihrer erfolgreichen Teams in den Neunzigerjahren. Die Hundeschuhe, die auch „Booties" genannt werden, dienen dazu, empfindliche Pfoten vor Eisklumpen zu schützen. (Foto: Witschel)

Die Geschichte einer faszinierenden Rasse

Idealer Gebäudeaufbau des Arbeitshundes Siberian Husky. (Foto: Nolting)

„Showdog" oder „Working Siberian Husky" – Unterschiede und Entwicklung

In den Dreißiger- und Vierzigerjahren waren Siberian Huskys gemäß dem Standard von 1932 „moderate range". Das heißt, dass das äußere Erscheinungsbild durch die Anforderungen bestimmt wurde, die der Siberian Husky als arbeitender Schlittenhund zu bewältigen hatte („form to function"): leicht und proportional zum Körper passend mit etwas längerer Körper- als Beinlänge. Der damalige Standard formulierte die Arbeitsansprüche an den Siberian Husky klar: „Active, quick and light on his feet" (aktiv, flink und leichtfüßig); er sollte eine Geschwindigkeit von 20 Meilen (32 km/h) über eine kurze Distanz laufen können.

Während der Fünfziger- und Sechzigerjahre begann jedoch die Mehrzahl der Zwinger in den USA verstärkt, Siberian Huskys nicht mehr als arbeitende Schlittenhunde, sondern für den Heimtiermarkt zu züchten. Optische Merkmale wie prägnante Maskenzeichnungen und blaue Augen traten zunehmend in den Vordergrund, zulasten der für einen Arbeitshund erforderlichen anderweitigen Selektionskriterien – insbesondere der tatsächlich als Schlittenhunde erbrachten Leistungen und der hierfür erforderlichen körperlichen Merkmale. Der Rassestandard wurde, dem neuen Geschmack entsprechend, interpretiert und angepasst. Da allerdings nicht alle Züchter diesem Trend folgten, kam es faktisch zu einer Aufspaltung des Phänotyps der Rasse, in deren Folge sich in jede Richtung Extreme entwickelten. Die sogenannten „Showdogs" wurden schwerer und kompakter; es wurde überwiegend Wert auf schwarz-weiße Masken, blaue Augen und plüschig wirkendes Fell gelegt. Auf der anderen Seite wurden die „Racing Siberians" zu feingliedrig, zu leicht und auch zu hochbeinig.

Bei derart extremen Entwicklungen bleibt jedoch unberücksichtigt, dass sich der Typus des idealen Siberian Huskys aus vier Hauptkriterien zusammensetzt: „Desire to go" (der einen Schlittenhund kennzeichnende Laufwille), physische und psychische Widerstandskraft (Ausdauer), optimaler Körperbau (Harmonie) und Lernfähigkeit. Entscheidend ist die Kombination aus richtigen Körperproportionen, eleganter und müheloser Bewegung, richtiger Rückenlänge in Verbindung mit der richtigen Winkelung von Schultern und Hinterhand und die Fähigkeit, moderate Lasten über längere Strecken in moderater Geschwindigkeit ziehen zu können. Extrementwicklungen, ganz gleich in welche Richtung, ignorieren de facto das den Siberian Husky kennzeichnende ausgewogene Gleichgewicht seiner verschiedenen Eigenschaften.

Im Zuge der Aufspaltung des Phänotyps kam es in Deutschland 1991 zur Gründung des Siberian Husky Club Deutschland e. V. (SHC). Bis dahin war der Siberian Husky gemeinsam mit den anderen nordischen Hunderassen im VDH ausschließlich vom Deutschen Club für Nordische Hunde e. V. (DCNH) betreut worden. Weltweit einzigartig darf im SHC nur mit Hunden gezüchtet werden, die einen sogenannten Arbeits- oder Leistungsnachweis durch dokumentierte Zugarbeit erbringen.

Rasseporträt

Einen Siberian Husky erkennt man an dem für ihn typischen Körperbau, nicht hingegen – wie leider häufig mit dieser Rasse assoziiert – an blauen Augen und einer schwarz-weißen Maske. Denn über diese, eher der klischeehaften Vorstellung entsprechenden, Merkmale hinaus gibt es eine große Vielfalt von Fell- und Augenfarben in verschiedenen Kombinationen.

So bunt wie seine Farben ist auch der Charakter des Siberian Huskys. Jeder Einzelne hat seine speziellen Besonderheiten und Eigenheiten, die seinen ganz persönlichen Charme ausmachen und ihn kennzeichnen. Trotzdem gibt es natürlich rassespezifische Eigenschaften, über die man sich vor der Anschaffung eines solchen Hundes unbedingt klar sein muss. In wenigen Worten zusammengefasst: Der Siberian Husky ist ein Arbeitshund. Er braucht vor allen Dingen Beschäftigung und Bewegung und das Gefühl, eine Aufgabe zu haben.

Die Geschichte einer faszinierenden Rasse

Mit seinem wolfsartigen Aussehen und dem sportlich-schlanken Körperbau ist der Rüde A'Sven Bomwollen of Frankonia Power ein typischer Vertreter seiner Rasse.
(Foto: Juszczyk)

Auszug aus dem
FCI-Rassestandard Nr. 270b,
festgelegt durch den
American Kennel Club (AKC)

Allgemeines Erscheinungsbild: Der Siberian Husky ist ein mittelgroßer Arbeitshund, schnell, leichtfüßig, frei und elegant in der Bewegung. Sein mäßig kompakter, dicht behaarter Körper, die aufrecht stehenden Ohren und die buschige Rute weisen auf die nordische Herkunft hin. Seine charakteristische Gangart ist fließend und anscheinend mühelos. Er ist nach wie vor fähig, seine ursprüngliche Aufgabe als Schlittenhund zu erfüllen und leichtere Lasten in mäßigem Tempo über große Entfernungen zu ziehen. Die Proportionen und die Form seines Körpers spiegeln dieses grundlegend ausgewogene Verhältnis von Kraft, Schnelligkeit und Ausdauer wider. Die Rüden sind maskulin, aber niemals grob; die Hündinnen feminin, aber ohne Schwächen im Aufbau. Ein Siberian Husky in richtiger Kondition, mit gut entwickelten, straffen Muskeln, hat kein Übergewicht.

Größe, Gewicht:
Rüden: 53,5–60 cm (21–23,5 inch), 20,5–28 kg (45–60 pounds)
Hündinnen: 50,5–56 cm (20–22 inch), 15,5–23 kg (35–50 pounds)
Ausschließender Fehler: Rüden über 59,69 cm und Hündinnen über 55,88 cm

Kopf:
Ausdruck: Durchdringend, aber freundlich; interessiert; sogar schelmisch.

Augen: Mandelförmig, etwas schräg gelagert. Die Augen können braun oder blau sein, wobei ein braunes und ein blaues Auge sowie mehrfarbige Augen zu akzeptieren sind. *Fehler:* Zu schräg oder zu dicht beieinanderliegende Augen.

Ohren: Von mittlerer Größe, dreieckig, eng beieinanderstehend und hoch angesetzt. Sie sind dick, gut behaart, hinten leicht gewölbt, aufrecht stehend. *Fehler:* Zu groß im Verhältnis zum Kopf; zu weit auseinanderstehend; nicht fest aufrecht stehend.

Schädel: Von mittlerer Größe, oben leicht gerundet und sich von der breitesten Stelle zu den Augen hin verjüngend. *Fehler:* Plumper oder schwerer Kopf; zu fein gemeißelter Kopf.

Nase: Schwarz bei grauen, lohfarbenen und schwarzen Hunden; leberfarben bei kupferfarbenen Hunden; bei reinweißen Hunden kann sie fleischfarben sein. Die rosastreifige „Schneenase" ist zu akzeptieren.

Obere Linie, Körper:
Brustkorb: Tief und kräftig, aber nicht zu breit. Die Rippen sind gleich am Ansatz an der Wirbelsäule gut gewölbt, an den Seiten aber flacher, um einen freien Bewegungsablauf zu erlauben. *Fehler:* Brust zu breit; tonniger Brustkorb; Rippen zu flach oder schwach.

Rücken: Gerade und kräftig, mit von den Schulterblättern zur Kruppe waagerecht verlaufender oberer Linie; von mittlerer Länge. Die Lende ist straff und trocken bemuskelt, schmaler als der Rippenkorb und leicht gewölbt. Kruppe abfallend, doch niemals steil. *Fehler:* Matter oder nachgebender Rücken; gewölbter Rücken; abfallende obere Linie.

Rute: Die gut behaarte Rute ist eben unterhalb der oberen Linie angesetzt und wird üblicherweise in einem eleganten, sichelförmigen Bogen über den Rücken getragen. Dabei soll sich die Rute weder ringeln noch flach auf den Rücken gedrückt werden. Eine hängende Rute ist normal, wenn der Hund ruhig und gelassen steht. Das Haar an der Rute ist mittellang und rundum annähernd gleich lang. *Fehler:* Angedrückte oder eng geringelte Rute; sehr buschige Rute; Rute zu tief oder zu hoch angesetzt.

Vorderhand:
Schulter: Das Schulterblatt gut zurückliegend. Der Oberarm ist vom Schultergelenk zum Ellenbogen etwas nach hinten gerichtet und nie senkrecht zum Boden. *Fehler:* Steile Schultern; lose Schultern.
Vorderläufe: Von vorn betrachtet stehen die Läufe in mäßigem Abstand auseinander, parallel und gerade. Von der Seite betrachtet sind die Vordermittelfüße etwas nach vorn gerichtet; die Vorderfußwurzelgelenke sind kräftig, aber biegsam. Die Knochen sind substanzvoll, aber nie schwer. Die Länge der Läufe vom Ellenbogen bis zum Boden ist etwas größer als der Abstand vom Ellenbogen zum Schulterblattkamm. *Fehler:* Schwache Vordermittelfüße; zu schwere Knochen; zu enger oder zu weiter Stand; ausgedrehte Ellenbogen.
Pfoten: Oval, aber nicht lang, von mittlerer Größe, kompakt und gut behaart zwischen den Zehen und Ballen. *Fehler:* Nachgebende oder gespreizte Zehen; Pfoten zu groß und plump, zu klein und zart; zeheneng oder zehenweit.
Hinterhand:
Von hinten betrachtet stehen die Läufe in mäßigem Abstand auseinander und parallel. Die Oberschenkel sind gut bemuskelt und kraftvoll, die Knie gut gewinkelt, die Sprunggelenke zeichnen sich gut ab und sind bodennah platziert. *Fehler:* Gestrecktes Knie, kuhhessig, zu enger oder zu weiter Stand.

Haarkleid:
Das Haarkleid ist doppelt und mittellang, hat ein schönes, pelzartiges Aussehen, ist aber niemals so lang, dass es die klaren Außenlinien des Hundes verdeckt. Die Unterwolle ist weich und dicht und von genügender Länge, um das Deckhaar zu stützen. Die längeren, steifen Haare des Deckhaars sind gerade und etwas anliegend, nie harsch und nicht gerade abstehend vom Körper. *Fehler:* Langes, raues oder struppiges Haarkleid; zu harsche oder zu seidige Textur; getrimmtes Haarkleid.
Farbe: Alle Farben von Schwarz bis Reinweiß sind erlaubt. Eine Vielfalt von Zeichnungen am Kopf ist üblich, einschließlich auffallender Muster.
Gangart: Sie ist schwungvoll und scheinbar mühelos. Der Siberian Husky ist flink und leichtfüßig. Der sich im Schritt bewegende Siberian Husky zeigt keinen bodenengen Gang; doch wenn er schneller läuft, tendieren die Läufe nach und nach zur Mitte hin, bis die Pfoten auf eine Linie gesetzt werden, die genau unter der Längsachse des Körpers verläuft. Wenn die Abdrücke der Pfoten sich decken, bewegen sich die Vorder- und Hinterläufe geradeaus gerichtet, ohne dass die Ellenbogen oder Kniegelenke ein- oder ausdrehen. Die Läufe bewegen sich parallel. Während der Bewegung bleibt die obere Linie straff und gerade. *Fehler:* Kurze, tänzelnde, unruhige, schwerfällige oder rollende Gangart, kreuzend oder schräg laufend.

Ungewöhnlich, aber nicht untypisch: Die Hündin Campari of Frankonia Power ist ein Pinto mit blauen Augen. (Foto: Juszczyk)

Aussehen und Farbenvielfalt

Ein harmonischer Körperbau, mittellanges Fell und eine Mischung aus Eleganz und Kraft prägen das Erscheinungsbild des mittelgroßen Siberian Huskys. Er gehört einer der wenigen Rassen an, für die im Standard für Fell und Augen keine Farbe vorgeschrieben ist. Man findet Siberian Huskys sowohl mit blauen als auch mit braunen Augen unterschiedlichster Schattierungen, von Bernstein bis hin zu dunklem Braun. Nicht selten haben diese Hunde verschiedenfarbige Augen, etwa ein blaues und das zweite in einem der variablen Brauntöne. Es gibt sogar Huskys mit „gemischtfarbigen" Augen, die in sich verschiedene Farben aufweisen, was „bicolor" genannt wird. Auch an Fellfarben ist alles erlaubt: Es gibt schwarz-weiße Huskys ebenso wie grau-weiße und braun-weiße oder rot-weiße, wobei man hier noch zwischen hell- und dunkelrot (kupferfarben) unterscheidet. Auch Reinweiß oder Bisquitfarben und die „Agouti" genannte Wildfarbe, die den Husky einem Wolf noch ähnlicher sehen lässt, als es ohnehin schon der Fall ist, kommen vor. Es gibt auch Huskys mit Flecken, häufig schwarz auf hellem Fell, die sogenannten Pintos. Diese Vielfalt macht sicherlich einen Teil des besonderen Charmes der Rasse aus. Die oftmals für rassetypisch gehaltene dunkle Maske („dark/dirty face") haben übrigens nur einige, aber längst nicht alle Huskys.

Charakter

Korrekterweise führt der AKC die Nordischen Hunde unter der Gruppe „Working Dogs", also Arbeitshunde. Von der FCI werden sie zu den „Schutz-, Wach- und Gebrauchshunden" gezählt, gehören aber selbstverständlich ausschließlich Letzteren an und weisen keinerlei Eigenschaften von Schutz- oder Wachhunden auf. Das charakteristische Wesen des Siberian Huskys ist freundlich und aggressionslos gegenüber Menschen, allerdings manchmal deutlich reserviert gegenüber fremden Personen. Als Rudeltier mag er gern Artgenossen um sich. Wird er als Einzeltier gehalten, muss seine Menschenfamilie ihm engen Kontakt, Beschäftigung und Bewegung anbieten, um

Die Geschichte einer faszinierenden Rasse

seinen sozialen Bedürfnissen sowie seiner Ausdauer und Energie gerecht zu werden.

Der Siberian Husky ist sehr selbstständig, selbstbewusst und stolz, hat seinen eigenen Kopf (man kann auch von Sturheit sprechen) und einen ausgeprägten Jagdtrieb. Gelegentlich bekommt man die frustrierte Meinung zu hören, einen Siberian Husky könne man nicht erziehen – was natürlich Unsinn ist. Aufgrund ihres typisch nordischen Charakters, ihrer Ursprünglichkeit, Instinktsicherheit und der nach wie vor bewahrten Nähe zum Wolf, kann die Erziehung dieser Hunde allerdings recht schwierig sein.

Der Siberian Husky lernt schnell und leicht und nicht immer das, was der Mensch ihm eigentlich beibringen wollte. Wenn er will, kann er Befehle und einmal gelernte Übungen auch nach längerer Zeit korrekt ausführen. Häufig ist aber der Mensch derjenige, der irgendwann feststellen muss, dass er in Wirklichkeit von seinem Siberian Husky erzogen und für dessen Bedürfnisse optimiert wurde.

Der Jungrüde Howling Spirits Little Rocket freut sich auch schon mal lautstark auf seine bevorstehende Aufgabe. (Foto: Juszczyk)

Wissenswertes zur Zucht

In der Zucht werden die entscheidenden Maßstäbe und Anforderungen für Ausprägung, Erhalt und Förderung einer Rasse gesetzt. Daher sollten zumindest die Grundzüge der Zucht, zu der auch das Ausstellungswesen gehört, jedem Liebhaber des Siberian Huskys geläufig sein.

Von der Ausstellung bis zur Zucht

Hundeausstellungen wecken nicht selten Assoziationen zu Modeschauen – und das, angesichts des aufwendigen Stylings von Hund und Mensch, meist nicht einmal zu Unrecht. Dabei steckt hinter der Ausstellung eigentlich eine ganz andere Idee als bloß amtlich bescheinigte Schönheit: Speziell ausgebildete und geprüfte Zuchtrichter sollen die vorgestellten Hunde begutachten und feststellen, welche davon dem Rassestandard entsprechen und daher zur Zucht zugelassen werden. Hunde mit Merkmalen, die gemäß dem Rassestandard nicht erlaubt sind (Fehlern), werden in der Regel disqualifiziert. Die Ausstellung gewinnt derjenige Hund, der dem im Standard formulierten Idealbild am nächsten kommt.

Beurteilt werden die körperlichen Merkmale des Hundes wie beispielsweise Fellstruktur, Stellung von Ohren, Läufen und Rute, Zähne und allgemeiner Eindruck wie beispielsweise die Größe und das Gangwerk. Für diese verschiedenen Beurteilungen muss der Hund bei der Vorführung im Ausstellungsring locker neben seinem Besitzer laufen, ruhig stehen bleiben und sich vom Richter anfassen und insbesondere in das Maul schauen lassen können.

Wer eine Ausstellung besuchen möchte, sollte sich vorher genau über den Ablauf informieren und mit seinem Hund üben. Das beste Gangwerk kann nicht beurteilt werden, wenn Hund und Besitzer im Ring ein Tauziehen an der Leine veranstalten oder wenn der Hund begeistert auf den Hinterbeinen umherspringt. Ängstlichkeit bei der Berührung durch den Richter oder gar Knurren oder Beißen bei der Kontrolle der Zähne führen als charakterlich untypisch (der Siberian Husky wird im Standard als freundlich und aggressionslos beschrieben) sofort zu Abzügen bei der Bewertung. Natürlich ist auch auf die Sauberkeit des Hundes zu achten. Kein Richter fasst gern

Präsentation im Ausstellungsring.
(Foto: Roppelt)

dreckiges Fell an oder hat eine Probe desselben zwischen den Fingern, weil der im Fellwechsel stehende Hund vorher nicht gebürstet wurde.

Ausstellungen werden vom VDH oder seinen Mitgliedsvereinen als Internationale Zuchtschau, Nationale Zuchtschau oder als Sonderschau durchgeführt. Die Einteilung der Ausstellungsklassen erfolgt nach Geschlecht und Alter der Hunde sowie nach den bereits erworbenen Titeln.

Da bei der Ausstellung die Qualität des Phänotypus und somit die Kompatibilität des Hundes mit dem Rassestandard festgestellt wird, bildet sie eine der Grundlagen für die Zucht. Nur phänotypisch korrekte Hunde dürfen zur Zucht eingesetzt werden, da andernfalls eine Einhaltung des Rassestandards und damit ein Erhalt der Rasse nicht möglich ist. Bei den deutschen, dem VDH angeschlossenen Zuchtvereinen ist entsprechend eine sogenannte Formwertnote oder die Körung fester Bestandteil der Zuchtzulassung. Die Formwertnote wird bei einer Zuchtschau vergeben und richtet sich nach dem Phänotyp des Hundes, seinem aktuellen Zustand und seiner Vorführung. Ein Hund ohne jedweden Fehler in optimaler Form wird die Formwertnote „vorzüglich" erhalten, ein Hund mit leichten Fehlern die Formwertnote „sehr gut". Diese beiden Formwertnoten sind für eine uneingeschränkte Zuchtzulassung gültig. Die Formwertnote „gut" für einen Hund mit mäßigen Fehlern führt zu einer eingeschränkten Zuchtzulassung. Hunde mit groben Fehlern erhalten die Formwertnoten „ungenügend" oder „mangelhaft" und sind nicht zur Zucht zugelassen.

Bei einer Körung werden die Hunde einzeln einem Zuchtrichter vorgeführt, der sie entsprechend bewertet und die Zuchtzulassung erteilt oder ablehnt; es kann auch eine eingeschränkte Zuchtzulassung mit Auflagen erteilt werden.

Gerade beim Siberian Husky sollten bei der Auswahl eines Hundes zur Zucht neben den allgemeinen Kriterien (rassetypisches Erscheinungsbild und Gesundheit, Charakter und Verhalten) auch seine Arbeitseigenschaften als Schlittenhund berücksichtigt werden. Entscheidend sind der Wille zur Zugarbeit, die Kooperationsbereitschaft mit Mensch und Rudel und sein Leistungsvermögen allgemein. Diese Selektion dient nicht nur dem Erhalt des typischen Charakters als Arbeitshund, sondern auch der bereits angesprochenen Gesundheit der Rasse: Nur ein gesunder Hund ist in der Lage, ausdauernde Zugarbeit zu leisten, da er einen funktionierenden Stoffwechsel, ein stabiles Knochengerüst und ein optimales Herz-Kreislauf-System dafür benötigt.

Den richtigen Züchter finden

Plakativ kann man festhalten, dass es gute Hunde nur bei guten Züchtern gibt. Die Definition eines guten Hundes gestaltet sich dabei leichter als die eines guten Züchters. Ein guter Hund soll vor allen Dingen körperlich und geistig gesund sein und äußerlich und charakterlich dem Rassestandard entsprechen – alles andere baut auf diesen Grundlagen auf. Folgerichtig muss es auch dem guten Züchter darum gehen, dass seine Hunde gesund sind und dem Rassestandard entsprechen. Der gute Züchter ist durch seine Hingabe

Diese Welpen sind erst drei Tage alt. Die sorgsame Aufzucht der Welpen ist für einen guten Züchter selbstverständlich. (Foto: Roppelt)

an die Rasse gekennzeichnet, nicht durch die Hingabe an viele ihn und die potenziellen Käufer umwuselnden Welpen. Der gute Züchter strebt mit seiner Zucht eine – nicht zwingend quantitative – Bereicherung der gesamten Rasse an.

Die Basis für jede Zucht ist Wissen – und da man nie genug wissen kann, wird jeder gute Züchter nach mehr und mehr Wissen streben. Gleichzeitig wird er dieses Wissen im Interesse seiner Hunde bereitwillig mit dem interessierten Käufer teilen und immer Antworten geben, wenn es um Training, Verhalten, Erziehung und die Rasse allgemein geht – ein ganzes Hundeleben lang. Also gehen Sie auf Ihrer Suche nach einem guten Züchter zu verschiedenen Züchtern hin und stellen Sie Fragen! Ein guter Züchter übernimmt Verantwortung für seine Welpen – während der Zeit, in der sie bei ihm aufwachsen und auch danach. Er wird dem neuen Besitzer nicht nur jederzeit mit Rat und Tat zur Seite stehen, sondern wird den Hund im Notfall auch wieder bei sich aufnehmen oder bei einer Weitervermittlung helfen.

Die Geschichte einer faszinierenden Rasse

Papierkram

Immer wieder schwierig und häufig emotional sehr belastet ist die Frage nach den Papieren eines Hundes. Papiere sind der Nachweis für Reinrassigkeit und vor allem dafür, dass der Hund aus einer kontrollierten Zucht stammt. Mit „kontrollierter Zucht" ist in diesem Fall eine Zucht gemeint, bei der sich der Züchter an die Regelungen des VDH und der FCI hält. In Deutschland gibt es für Siberian Huskys nur zwei Zuchtvereine, die dem VDH und der FCI angeschlossen sind: den Siberian Husky Club Deutschland e. V. (SHC) und den Deutschen Club für Nordische Hunde e. V. (DCNH).

Abwertend werden Papiere häufig als Snobismus abgetan. Natürlich wird kein Siberian Husky durch seine Papiere „geadelt" oder liebenswürdiger oder schöner oder schneller. Die Papiere sind aber weitaus mehr als ein Statussymbol. So dokumentiert die Ahnentafel nicht nur die Vorfahren eines Hundes, sondern auch deren Gesundheitsuntersuchungen, Arbeitsnachweise und Ausstellungstitel. Nur Welpen, deren Eltern die obligatorischen Untersuchungen auf Hüftgelenkdysplasie und Augenerkrankungen bestanden haben und die in einer kontrollierten Zuchtstätte zur Welt kamen, erhalten Papiere. Bei einer kontrollierten Zucht werden nicht nur Haltung und Aufzucht überprüft, sondern der Züchter wird zudem durch permanente Weiterbildung gefördert.

An reinrassigen Schlittenhunderennen und an CACIB-Schauen darf man nur mit Hunden teilnehmen, die Papiere von einem FCI-Zuchtverein haben! Achten Sie also bitte im eigenen Interesse darauf, dass die Papiere des Hundes, den Sie kaufen wollen, die Embleme des VDH und der FCI aufweisen.

Eleganz und Eigenwilligkeit
auf vier Pfoten

Aus Geschichte und Entwicklung des Siberian Huskys erklären sich seine typischen, vom Halter unbedingt zu berücksichtigenden Eigenschaften: Der Siberian Husky ist ein Arbeitshund mit einem ursprünglichen, nach wie vor dem des Wolfes nahekommenden Instinktverhalten.

(Foto: Tierfotoagentur / Ramona Richter)

Eleganz und Eigenwilligkeit auf vier Pfoten

Huskys lieben das Laufen und sind mit Feuereifer bei der Sache, wenn sie ihrer ursprünglichen Aufgabe als Schlittenhunde nachgehen dürfen. (Foto: Juszczyk)

Achtung – Action!

Die vorangegangene historische Darstellung der Rasse ist nicht nur Geschichte. Hierin zeigt sich das Erbe, das auch der heutige Siberian Husky noch in sich trägt und dem der Besitzer eines solchen Hundes im Interesse des Tieres gerecht werden muss.

Als Arbeitshund benötigt der Siberian Husky eine seinem Wesen und seiner Entwicklung entsprechende Haltung. Er eignet sich keinesfalls als Wohnungshund für nur gelegentliche Spaziergänge oder als Begleiter beim städtischen Flanieren. Zwar kann der Siberian Husky durchaus als Haushund gehalten werden und sich dabei wohlfühlen, jedoch sind eine artgerechte Beschäftigung und Auslastung gerade dann das Nonplusultra.

Langeweile ist tabu!

Fehlen Bereitschaft und Angebote durch den Menschen, sucht sich der gelangweilte Siberian

Husky selbst eine Beschäftigung – meist sehr kreativ und auf Kosten der Wohnungseinrichtung. Für jemanden, der nur einen anspruchslosen Begleiter für den täglichen halbstündigen Schlenderspaziergang suchte, wird daher aus dem Traum vom Siberian Husky sehr schnell ein Albtraum.

Der Erfahrungsaustausch zwischen stolzen Neubesitzern von Siberian Huskys erinnert häufig an Einkaufszettel für Innenarchitekten und Raumausstatter. Die Liste der zu ersetzenden Einrichtungsgegenstände, die Opfer von Langeweile und Zähnen wurden, ist unerschöpflich: Telefone und Kissen, Stuhl- und Tischbeine, Pflanzen, Schuhe, Thermoskannen und Lebensmittel – manchmal inklusive Verpackung. Auch im Garten betätigt sich der gelangweilte Siberian Husky gern als Designer, erschafft Hügellandschaften, Tümpel und Seen und zerrt Sträucher an seiner Ansicht nach unpassenden Stellen kurz entschlossen einfach aus dem Boden. Faszinierend ist auch die nahezu chirurgische Präzision, mit der sorgfältig kreuz und quer über Ihrer – dann ehemaligen – Rasenfläche Wühlmausgänge freigelegt werden.

Im Interesse der Wahrung Ihres persönlichen Geschmacks sollten Sie sich daher bitte viel Zeit für die Beschäftigung mit Ihrem Siberian Husky nehmen und für Spiel, Spaß und Spannung sorgen.

Lucky und Vendic lieben es, zu buddeln, auch wenn das nicht immer im Sinne ihrer Besitzer ist. (Foto: Perfeller)

Frühling, Sommer, Herbst und Winter

Jemand, der zur sportlichen Betätigung nicht willens oder in der Lage ist, sollte sich auf gar keinen Fall einen Siberian Husky anschaffen!

Ein Siberian Husky braucht vor allem Beschäftigung, Bewegung und das Gefühl, eine Aufgabe zu haben. Idealerweise findet er diese naturgemäß als Schlittenhund, allerdings angepasst an aktuelle mitteleuropäische Gegebenheiten. Zugarbeit ist nicht nur in großen Hundeteams vor Hundeschlitten möglich, sondern auch mit ein bis zwei Hunden am Fahrrad oder am Roller; auf diese Beschäftigungs- und Bewegungsmöglichkeiten werden wir im Kapitel „Schlittenhundesport – unendliche Möglichkeiten mit und ohne Schnee" noch ausführlich eingehen.

Allerdings ist nicht jeder Siberian Husky bereit oder in der Lage, Zugarbeit auszuführen; manche Hunde bevorzugen Joggen, ausgedehnte Spaziergänge oder das Laufen neben dem Fahrrad. Der ausgeprägte Bewegungsdrang ist aber bei jedem Siberian Husky vorhanden – unabhängig davon, ob man sich für den eher kompakten Typ oder für den hochbeinigen Läufer entscheidet. Ein Mensch, der aufgrund seiner eigenen körperlichen Konstitution oder seiner persönlichen Neigungen nicht bereit ist, bei Wind und Wetter mit seinem Hund durch Wald und Flur zu fahren

Auch im Sommer wollen Huskys nicht nur faul im Strandkorb sitzen, sondern sinnvoll beschäftigt werden. (Foto: Appel)

oder zu laufen, sollte sich auf keinen Fall von dem wunderschönen äußeren Erscheinungsbild zum Kauf eines Siberian Huskys verleiten lassen. Für „Schönwettersportler" ist ein Husky sicher nicht der passende Hund!

Bei aller Bewegung ist jedoch zu berücksichtigen, dass der Siberian Husky als Nordischer Hund kühle Temperaturen liebt, während Anstrengungen bei zu hohen Temperaturen zu gesundheitlichen Problemen führen können. Der Siberian Husky sollte daher während der kühlen Jahres- und Tageszeit (in den Sommermonaten, abhängig vom Wetter, in den Stunden kurz vor Sonnenaufgang) bewegt werden. Ist eine körperliche Auslastung nicht möglich, sollte man – schon im eigenen Interesse – für eine anderweitige Beschäftigung seines Hundes sorgen, beispielsweise durch Suchspiele, die mit wenig Bewegung verbunden sind, den Hund jedoch mental fordern und so ebenfalls hinreichend auslasten. Wir haben diesen alternativen Beschäftigungen ein eigenes Kapitel gewidmet.

Kommunikation Husky – Mensch

Die meisten Probleme in der Beziehung zwischen Mensch und Hund beruhen auf Kommunikationsdefiziten. Fortschreitende Vermenschlichung unserer Haustiere führt zu Fehlinterpretationen der körpersprachlichen Signale, die der Hund aussendet. Aus Fehlinterpretationen resultieren Fehlreaktionen des Menschen, die wiederum zu einem nicht gewünschten Verhalten des Hundes führen.

Wie jedermann aus eigener Erfahrung weiß, erfordert Interaktion mit Menschen, die eine fremde Sprache sprechen, zumindest eine gewisse gemeinsame Basis an Kommunikationsmitteln wie einigen Wörtern oder allgemein verständlichen Gesten. Ohne diese Basis kann man sich einander nicht verständlich machen. Dasselbe gilt für die Kommunikation mit dem Hund. Entscheidend für eine intakte und funktionierende Beziehung zwischen Mensch und Hund ist daher das Verständnis der Körpersprache des Hundes.

Auch zwischen Mensch und Hund funktioniert Kommunikation über Körpersprache, besonders mittels Blicken und Gesten. (Foto: Juszczyk)

Eleganz und Eigenwilligkeit auf vier Pfoten

Interaktion und Kommunikation im Rudel mittels komplexer Körpersprache.
(Foto: Proske)

Dabei geht es nicht nur darum, die körpersprachlichen Signale zu erkennen und zu verstehen, sondern auch darum, sich als Mensch mittels eines kleinen Bestandteils dieser Körpersprache seinem Hund deutlicher verständlich zu machen.

Die Körpersprache eines Hundes – vor allem die eines noch sehr ursprünglichen Hundes wie des Siberian Huskys – ist sehr fein und detailliert. Durch den Einsatz und das Zusammenspiel nicht nur der allgemein bekannten Kommunikationsmittel Rute, Ohren und Lefzen, sondern auch der gesamten Körperhaltung und vor allem der Gesichtsmuskulatur, ist eine nuancenreiche und in vielen Fällen für den Menschen kaum zu erkennende Verständigung zwischen Hunden möglich.

Eine Darstellung der komplexen Körpersprache des Hundes würde den Rahmen und die Möglichkeiten dieses Buches sprengen. Es sei jedoch jedem Halter nahegelegt, sich im Interesse des Zusammenlebens mit seinem Hund eingehend damit zu befassen. Am einfachsten ist es, Praxisunterricht in einer guten Hundeschule zu nehmen. Dort wird Ihnen ein erfahrener Trainer die Grundlagen anhand der Körpersprache Ihres Hundes vermitteln. Vertiefend bieten sich Beobachtungen der Kommunikation zwischen mehreren Hunden an. Für jemanden, der mehr als einen Husky hält, gibt es wenig Faszinierenderes als die Beobachtung der Interaktion seiner Hunde. Diese Beobachtungen können bei entsprechendem Grundlagenwissen und darauf aufbauender richtiger Interpretation dann wiederum in der Beziehung von Mensch und Hund umgesetzt werden.

Lebensräume

Ob Einzelhund oder ganzes Rudel – einer der wichtigsten Aspekte bei der Hundehaltung ist die tierschutz- und artgerechte Haltung, die sich nicht zuletzt nach dem eigenen persönlichen Umfeld und den gegebenen Möglichkeiten richten muss.

Haltung im Zwinger oder im Haus?

Die Frage nach (reiner) Zwinger- oder (reiner) Haushaltung stellt sich erst bei mehr als einem Husky. Ein Einzelhund hat auf gar keinen Fall auf Dauer etwas in einem Zwinger zu suchen! Ein Husky ist nicht gern allein, sondern braucht als soziales, kommunikatives Rudeltier Anschluss an Artgenossen und/oder Menschen. Dauerhaft allein im Zwinger wird er nicht nur die Nachbarschaft mit seinem herzzerreißenden Geheul alarmieren, sondern vor allem vereinsamen. Für begrenzte Zeit hingegen kann natürlich auch der einzelne Husky nach entsprechender Eingewöhnung ebenso im Zwinger wie in der Wohnung allein bleiben und auf die Rückkehr seiner kurzzeitig abwesenden Menschen warten.

Ab zwei Hunden und mehr ist eine Zwingerhaltung problemlos möglich. Der Zwinger ist allerdings kein Abstellraum für Hunde, sodass auch und gerade bei Zwingerhaltung zwingende Voraussetzung ist, dass der Mensch sich genügend Zeit für Sozialkontakt mit seinen Hunden, für ihre Pflege und vor allem auch für die Bewegung der Hunde nimmt.

Welpen sind nicht gern allein. Sie brauchen Anschluss an die Familie oder an andere Hunde. Hier haben ein Husky- und ein Barzoiwelpe Freundschaft geschlossen. (Foto: Juszczyk)

Eleganz und Eigenwilligkeit auf vier Pfoten

Es spricht allerdings überhaupt nichts dagegen, auch mehrere Siberian Huskys im Haus zu halten. Keinesfalls ist der Siberian Husky ausschließlich für das Leben im Freien geeignet! Das Fell eines Haushundes passt sich den häuslichen Bedingungen an und wird nicht ganz so dicht und flauschig wie das eines im Zwinger lebenden Hundes. In milden Wintern und in den Übergangszeiten haart der Husky allerdings vermehrt und verschafft Teppichböden, Polstermöbeln und Kleidern ein nordisches Ambiente. Regelmäßiges Bürsten der Hunde hilft, vermeidet das Problem aber nicht vollständig. Man sollte sich daher auf das häufige Wechseln fellgefüllter Staubsaugerbeutel oder auf die Anschaffung alternativer Staubsauger einrichten.

Wurde der Siberian Husky von klein auf an andere Tiere gewöhnt, ist auch ein Zusammenleben mit Katzen möglich. (Foto: Perfeller)

Als Haushund hat der Siberian Husky die im Haus geltenden Regeln erst zu lernen und sodann zu befolgen. (Wobei wir Sie an dieser Stelle darum bitten möchten, diese Reihenfolge zu berücksichtigen und kein Befolgen noch nicht erlernter Regeln zu erwarten oder gar zu verlangen.) Stubenreinheit ist das A und O und kann auch sehr schnell vermittelt werden. Achten Sie darauf, in regelmäßigen Abständen – bei einem Welpen anfangs etwa alle zwei Stunden und nach jedem Fressen – mit Ihrem neuen Haushund nach draußen zu gehen. Suchen Sie eine bestimmte Stelle auf und warten Sie dort ab, bis er sich löst. Loben Sie ihn dann ausgiebig – und verknüpfen Sie die Aktion ruhig auch mit einem Kommando. Wenn Sie später Schlittenhundesport betreiben wollen, ist es sehr praktisch, wenn sich Ihr Hund vor der Zugarbeit auf dieses Kommando hin löst und nicht erst unterwegs jeden Grashalm zu markieren versucht.

Natürlich wird immer mal wieder ein Malheur passieren, auch darauf sollte sich der künftige Haushundehalter einrichten. Meist wird es daran liegen, dass Sie die Ihrem Hund zumutbaren Zeitintervalle überschritten haben; manchmal sind aber auch Krankheiten die Ursache. Daneben gibt es verhaltensbedingte Unsauberkeiten, die Sie allerdings keinesfalls mit klassischen Hausmitteln wie im Nacken packen, schütteln und des Hundes Nase in Kot oder Urin drücken in den Griff bekommen werden. Bitte nehmen Sie in einem solchen Fall oder auch dann, wenn Sie sich die Ursache einer gezeigten Unsauberkeit nicht erklären können, im Interesse Ihres Hundes die professionelle Hilfe einer guten Hundeschule in Anspruch!

Immer wieder hört man Horrorgeschichten von einrichtungszerstörungswütigen Huskys. Dies liegt aber weniger an der generellen Eignung des Siberian Huskys als Haushund, sondern vielmehr an einem nicht angemessenen Umgang des Menschen mit seinem Wohnungsgenossen. Langeweile und mangelnder Respekt vor dem Eigentum seines Besitzers sind die Hauptgründe dafür, dass Huskys gelegentlich Wohnungen umgestalten. Erstere zu vermeiden und Letzteren durch entsprechende Erziehung aufzubauen, ist Aufgabe des Menschen und schon mit einfachen Mitteln machbar.

Der Siberian Husky kann nach entsprechender Gewöhnung durchaus auch für eine gewisse Zeit allein im Haus bleiben. Voraussetzung ist, dass er die Grundregeln in Bezug auf Stubenreinheit und Respekt vor der Wohnungseinrichtung gelernt hat und sie beherrscht. Fürchtet man bei jedem Heimkommen die Ausmaße der tagesaktuellen Zerstörung und den unmittelbar erforderlichen Hausputz, ist das ein wenig entspannter Zustand und belastet das Verhältnis zum eigenen Hund auf Dauer sehr. Der Siberian Husky sollte langsam an das Alleinsein gewöhnt werden, indem der Mensch die Zeiten seiner Abwesenheit schrittweise verlängert. Wie lange er allein gelassen werden kann, richtet sich nach Alter und Charakter des Hundes, bei „Secondhand"-Hunden auch nach der Vorgeschichte. Ein sehr junger Hund, der noch häufig nach draußen muss, wird weniger lange Abwesenheitszeiten verkraften als ein Hund, der bereits über mehrere Stunden einzuhalten gelernt hat. Allerdings ist ganztägig berufstätigen Menschen von der Haltung eines – einzelnen – Siberian Huskys grundsätzlich abzuraten.

Der Zwinger

Bei einer Haltung im Zwinger sind bestimmte Grundanforderungen zu berücksichtigen. Das Tierschutzgesetz schreibt für mittelgroße Hunde wie den Siberian Husky bei Einzelhaltung eine Zwingergröße von mindestens 8 Quadratmetern und für jeden weiteren Hund zusätzliche 6 Quadratmeter vor. Das heißt also, zwei Huskys benötigen mindestens 14 Quadratmeter und drei Huskys 20 Quadratmeter. Da der Siberian Husky sehr bewegungsfreudig ist, sollte der Zwinger allerdings größer als vom Gesetz gefordert konstruiert werden.

Zwingerinneneinrichtung: unverwüstliche Hütten und erhöhte Liegeflächen aus Holz. (Foto: Roppelt)

Eleganz und Eigenwilligkeit auf vier Pfoten

Zwingeranlage für ein großes Rudel.
(Foto: Roppelt)

Neben der Größe ist es wichtig, den Zwinger als angenehmen, angemessenen Lebensraum zu gestalten. Die Konstruktion von Zwinger und Hütte soll dem Siberian Husky einerseits Schutz vor Wind, Regen und Sonne bieten, ihm andererseits aber auch Sonnenbäder ermöglichen. Meist liegen Hunde sehr gern auf erhöhten Liegeflächen, beispielsweise auf Hütten mit Flachdach oder auf einem Podest. Die Hütte selbst sollte dem Hund die Möglichkeit bieten, sein Lager über die eigene Körpertemperatur angenehm zu temperieren. Daher ist eine Hütte mit den Maßen 60 x 90 x 60 Zentimeter für einen Siberian Husky gut geeignet.

Dass im Zwinger permanent frisches Wasser zur Verfügung stehen muss, versteht sich von selbst.

Für den Untergrund gibt es verschiedene Alternativen. Eine davon ist Naturboden mit und ohne Baumbestand. Von dem Überlebensproblem empfindlicher Bäume in Kombination mit Huskyurin einmal abgesehen, sollte man bei Naturboden auf jeden Fall darauf achten, dass keine großen Steine enthalten sind. Manche Huskys fressen neben allerlei anderen seltsamen Dingen auch Steine, die dann zur Vermeidung tödlicher Darmverletzungen operativ entfernt werden müssen.

Ein Husky gräbt und buddelt für sein Leben gern. Naturboden im Zwinger bietet ihm einerseits die Möglichkeit, seiner Lieblingsbeschäftigung nach Herzenslust nachzugehen. Andererseits kann es sein, dass der Zwingerboden innerhalb kürzester Zeit in eine Kraterlandschaft verwandelt wird und nur noch unter erheblichen

Verletzungsrisiken betreten werden kann. Außerdem ist ein Naturboden nur schwer zu reinigen. Das Gleiche gilt für aufgeschütteten Splitt oder Kies: Bei einem – leider nie auszuschließenden – Befall durch Schädlinge muss der komplette Boden abgetragen und erneuert werden.

Holzböden sind als Liegefläche für den Hund sehr angenehm, verwittern jedoch sehr schnell und bieten sich daher in einem Zwinger nur auf wettergeschützten beziehungsweise überdachten Flächen an.

Eine weitere Möglichkeit für den Zwingerboden ist das – auch für größere Flächen kostengünstige – Verlegen von Gartenbetonplatten, die mit einem Dampf- oder Hochdruckreiniger sehr einfach zu reinigen sind. Um Liegeschwielen zu vermeiden, kann man Holzpaletten ohne Zwischenräume sowie Holzpodeste in den Zwinger stellen. Manche Hunde zweckentfremden dieses Holz zwar zum Zerkauen, die meisten nutzen die Paletten jedoch als erhöhte und materialbedingt wärmere Liegefläche.

Für die Umzäunung eines Zwingers gibt es ebenfalls mehrere Möglichkeiten. Am leichtesten und schnellsten gelingt der Zwingerbau mit von einigen Herstellern in verschiedenen Breiten angebotenen fertigen Zwingerelementen (Rohrstab- oder Gitterelemente), mit denen man seinen Zwinger individuell gestalten kann. Die Höhe sollte mindestens bei 1,80 Metern liegen. Eine Alternative ist der Selbstbau mit in den Boden einbetonierten Pfosten und punktgeschweißt verzinktem Zaun; die Drahtstärke soll dabei mindestens 1 Millimeter betragen. Auch Baustahlmatten sind denkbar. Baut man mehrere Zwinger nebeneinander, sollte man zur Vermeidung von Verletzungen Zäune oder Elemente nicht weitmaschiger als 5 Quadratzentimeter wählen.

Nicht geeignet für den Zwingerbau ist Maschendrahtzaun, den Hunde leicht durchbeißen oder aufbiegen können.

Fort Knox – unbedingt ausbruchssicher!

Zwinger und Auslauf müssen unbedingt absolut ausbruchssicher sein. Man kann nicht oft genug betonen, wie kreativ und neugierig der Siberian Husky ist. Gerade wenn er längere Zeit im Zwinger verbringt, wird er sich zwangsläufig fragen, was es außerhalb Unterhaltsames zu entdecken gibt. Man sollte ihn deshalb im eigenen Interesse

Ein Zwinger mit Naturboden muss unbedingt so beschaffen sein, dass die Hunde die Umzäunung nicht untergraben können. (Foto: Roppelt)

und zu seinem Schutz so unterbringen, dass er keine Ausbruchsmöglichkeiten findet – weder oberhalb noch unterhalb der Umzäunung: Der Husky kann nämlich graben, springen und häufig auch klettern. Um ein Untergraben zu verhindern, müssen Zäune oder Zwingerelemente, die nicht auf befestigtem Boden fixiert sind, mindestens 30 Zentimeter tief eingegraben werden. Die Umzäunung muss mindestens 1,80 Meter aus dem Boden herausragen, besser sind 2 Meter. Bei kletternden Hunden kann man eine nach innen gehende Erhöhung anbringen oder den „Zwingerhimmel" komplett mit Zaun oder Gitter abdichten.

Neben dem eigentlichen Zwinger sollte auch das umgebende Grundstück, auf dem sich der Husky aufhält, von einem mindestens 1,80 Meter hohen Zaun umgrenzt sein. Auch hier muss gewährleistet werden, dass ein Untergraben nicht möglich ist. Wenn der Hund außerhalb des Zwingers nur beaufsichtigt auf dem Grundstück unterwegs ist, kann auch Maschendraht- oder Wildzaun verwendet werden.

Einzelhund oder Rudel?

Auch wenn die Gesellschaft von Artgenossen kein Ersatz für die Beschäftigung des Menschen mit seinem Siberian Husky ist, ist es doch grundsätzlich empfehlenswert, ihm entweder einen zwei-

Die energiegeladenen Huskys lieben bewegungsreiche Spiele mit Artgenossen. (Foto: Juszczyk)

*Gemeinsames Spiel auf der Wiese – da kann kein Mensch mithalten.
(Foto: Roppelt)*

ten (oder dritten oder vierten oder fünften …) Sibirier oder einen anderen Hund zuzugesellen. Allerdings sollte man sich im Interesse der eigenen Nerven nicht gleich zwei Welpen (oder gar noch Wurfgeschwister) ins Haus holen. Besser ist es, mit der Anschaffung eines zweiten Hundes zu warten, bis der erste Welpe seine Rüpelphase hinter sich gebracht hat, erwachsen geworden ist und tatkräftig bei der Erziehung eines Neuzugangs mitwirken kann.

Viele seiner an sich typischen Verhaltensweisen entwickelt der Siberian Husky häufig erst in der Gesellschaft von Artgenossen. So wird kaum ein Einzelhund heulen – hat man zwei, kommt man durchaus in den schaurig-schönen Genuss eines heulenden Minirudels. Gleiches gilt für ausgelassenes Spielen, Toben und Raufen; bei Ringkämpfen und Wettrennen kann ein Mensch weder körperlich noch kommunikativ mithalten.

Bei sportlicher Betätigung motivieren sich zwei oder mehr Hunde gegenseitig. Für einen einzelnen Hund ist es hingegen auf Dauer oftmals schwierig, allein konzentriert arbeitend vorwegzulaufen.

Bei der Anschaffung eines oder mehrerer Hunde darf man allerdings die Aspekte Zeit und Geld nicht unterschätzen. Gerade in finanzieller Hinsicht kommt es häufig zu Problemen, wenn bei der Entscheidung für einen weiteren Hund lediglich Anschaffungs- und Futterkosten

Eleganz und Eigenwilligkeit auf vier Pfoten

berücksichtigt wurden. Man sollte sich bewusst machen, dass jederzeit außerordentliche Ausgaben, insbesondere für den Tierarzt, anfallen können. Operationskosten nach Verletzungen oder „nur" aufgrund gesundheitlicher Probleme sprengen leicht und leider meist völlig unerwartet mit Beträgen im Tausende-Euro-Bereich den Rahmen der Haushaltskasse.

Bei der Haltung als Einzelhund benötigt der Siberian Husky intensiven Kontakt und Anschluss zu „seinem" Menschen. Vollzeitberufstätige sollten sich deshalb nur dann einen Siberian Husky anschaffen, wenn sie ihn in ihr Berufsleben integrieren und ihn nicht nur mit zur Arbeitsstelle nehmen, sondern sich dort auch zwischendurch mit ihm beschäftigen können. Kein Hund hat es verdient, sein Leben mit täglich mehr als acht Stunden einsamer Warterei fristen zu müssen – und der Siberian Husky wird ein solches Ansinnen auf seine eigene Art quittieren, indem er sich die Wartezeit mit Ihren Einrichtungsgegenständen und musikalischen Darbietungen für Ihre Nachbarn vertreibt.

Die Qual der Wahl

Bei der Anschaffung eines Siberian Huskys muss man sich nicht unbedingt für einen Welpen entscheiden. Gerade für einen Anfänger eignet sich

Niedliche kleine Welpen verleiten nicht selten zum unüberlegten Kauf. (Foto: Juszczyk)

ein erwachsener Siberian Husky oftmals wesentlich besser. Während ein Welpe erst noch erzogen werden muss, kann der Besitzer von einem erwachsenen, erzogenen und bereits sportlich antrainierten Hund lernen und mit diesem Erfahrungen sammeln, die er später bei weiteren Hunden – auch Welpen – einsetzen und anwenden kann. Natürlich funktioniert dieser umgekehrte Lerneffekt nicht bei allen Hunden, besonders manche sogenannte „Problemhunde" aus falscher Haltung sind für Anfänger nur eingeschränkt geeignet.

Auch erwachsene Hunde gewöhnen sich sehr schnell an ihre neuen Besitzer. Holt man sich später doch einen Welpen dazu, hat man praktisch den passenden Erzieher schon zu Hause. Besonders – aber nicht nur – wenn man Schlittenhundesport betreiben will, ist dies ein großer Vorteil. Welpen oder Junghunde lernen von Artgenossen wesentlich besser und schneller als von uns Menschen. Entsprechend leicht ist es, einen jungen Hund neben einem bereits an das Schlittenhundeleben gewöhnten und kommandosicheren älteren Hund einzuspannen. Er wird diesem einfach in seinem Tun folgen und so, nach dem Prinzip „learning by doing", Zugarbeit und Kommandos verinnerlichen.

Ein Welpe erfordert zunächst wesentlich mehr Arbeit und Engagement als ein bereits ausgebildeter erwachsener Hund. Zudem ist es gerade für unerfahrene Halter deutlich schwieriger, einem niedlichen kleinen „Kuscheltier" Grenzen zu setzen, was dazu führt, dass sich viele Hundeanfänger einen verzogenen Siberian Husky heranziehen. Wer sich für einen Welpen entscheidet, hat allerdings den Vorteil, dass er aus dem Verhalten des Hundes immer Rückschlüsse auf mögliche Erziehungsfehler ziehen kann. So wird das Verständnis für den Hund vertieft und der Mensch lernt, einmal gemachte Fehler künftig zu vermeiden.

Die Frage, ob Rüde oder Hündin, hängt von den persönlichen Vorlieben ab. Gravierende charakterliche Unterschiede gibt es kaum; unter beiden Geschlechtern finden sich, abhängig von der ganz eigenen jeweiligen Persönlichkeit, sowohl dominante als auch leichtführigere Exemplare. Der entscheidende Unterschied ist wohl die Läufigkeit der Hündin, bei der man als Besitzer verstärkt aufpassen muss, damit es nicht zu einem ungewollten Deckakt kommt. Problematisch kann auch die sogenannte Scheinträchtigkeit mit körperlichen Problemen und Verhaltensauffälligkeiten sein. Leider hört man immer wieder das hartnäckige, aber völlig falsche Ammenmärchen, man solle Hündinnen zur Vermeidung einer Scheinträchtigkeit belegen. Tatsächlich beruht diese aber auf hormonellen Problemen und kann vielfältig und besser als durch unüberlegte Welpenproduktion behandelt werden.

Grundsätzlich kann man sich zur Vermeidung von Läufigkeitsproblemen unmittelbar für eine Kastration oder Sterilisation der Hündin entscheiden. Zwar kursieren auch diesbezüglich nach wie vor Vorurteile, dass kastrierte Tiere (auch Rüden) übergewichtig und faul würden, was sich allerdings in der Realität nicht bestätigt. Betreibt man Schlittenhundesport, sind durch eine Kastration

Eleganz und Eigenwilligkeit auf vier Pfoten

Huskys sind menschenfreundlich und gewöhnen sich schnell an einen neuen Besitzer. (Foto: Juszczyk)

oder Sterilisation negative Auswirkungen in der Regel nicht zu befürchten.

In den Bereich des Märchenhaften einzuordnen ist auch die immer noch weitverbreitete Vorstellung, Verhaltensprobleme – besonders bei Rüden – mittels Kastration lösen zu können. Ein Rüde, der ausbricht, beißt oder einfach nur dominant ist, braucht Beschäftigung und vor allen Dingen Erziehung durch seinen Besitzer, aber keine Operation.

Was Hänschen nicht lernt …

Die typischen Charaktereigenschaften des Siberian Husky führen häufig zu Missverständnissen und Problemen bei der Erziehung. Der Siberian Husky ist nicht nur intelligent, sondern als sogenannter „Hund vom Urtyp" mit einem ausgeprägten Instinktverhalten ausgestattet, das wesentlich komplexer ist als das der meisten anderen heutigen Hunderassen. Wer seinen Hund kennen- und verstehen lernt, kann viele Probleme vermeiden.

(Foto: Roppelt)

Einen Husky kann man nicht erziehen!?

Häufig hört man, Nordische Hunde könne man nicht erziehen. Manch einer versteigt sich gar zu der Aussage, man dürfe sie nicht erziehen, da jedwede Form von Erziehung den Charakter der Hunde verderben würde. Tatsächlich sind Siberian Huskys auch sehr häufig nicht erzogen und prägen und bestärken so das typische Bild des sturen Nordischen Hundes, der macht, was er will, den Weg und das Ziel bestimmt und unbeirrt Herrchen oder Frauchen an der Leine dorthin zerrt, wohin er gerade möchte. Er hört nicht nur nicht auf das erste Wort, sondern hat offensichtlich auch beim zwanzigsten keinen Ton des an ihn herangetragenen Befehls (oder Wunsches?) vernommen. Herrchen oder Frauchen reagieren darauf meist mit verlegenem Lachen und leicht gequältem Schulterzucken; mit einem Unterton von Trotz und Stolz heißt es dann oft: „Er ist halt ein Siberian Husky!"

Selbstverständlich kann man einen Siberian Husky erziehen! Vielleicht ist es etwas schwieriger als bei anderen Hunderassen, die weniger eigenständig sind und den Menschen weniger hinterfragen, aber Erziehung ist auch bei Nordischen Hunden keine Zauberei. Erziehung bedeutet allerdings Arbeit – Arbeit am Hund und Arbeit mit dem Hund und vor allem Arbeit an sich selbst. Mangelnde Erziehung und Erziehungsfehler basieren stets auf Fehlern des Menschen, nicht auf Fehlern des Hundes.

Der erste Schritt auf dem Weg zu einer erfolgreichen Erziehung ist das Begreifen der Bedeutung dieses Wortes. Erziehung hat nichts mit Dressur oder dem Beherrschen von Kunststückchen zu tun. Wenn Ihr Hund Pfötchen geben oder auf einer Wippe balancieren kann, heißt das nicht, dass er erzogen ist. Erziehung hat auch nichts mit dem so gern abwertend verwendeten Begriff „Kadavergehorsam" zu tun, mit dem Bilder seelenloser Marionettenhunde heraufbeschworen werden, die sich in elendiglichem Sklavendasein willenlos von Befehl zu Befehl schleppen. Vielmehr ist Erziehung notwendiger Bestandteil der Kommunikation zwischen Hund und Mensch und vor allem die Voraussetzung für eine auf Respekt

Erziehung basiert auf gegenseitigem Respekt und Vertrauen des Hundes in seinen Menschen. (Foto: Roppelt)

und Vertrauen basierende Beziehung. Indem Sie Ihrem Siberian Husky die bestmögliche Erziehung angedeihen lassen, geben Sie ihm die besten Voraussetzungen für ein gesundes und langes Leben in unserer zivilisierten Umgebung – einer Umgebung, die Sie mit all ihren Eigenheiten und Gefahren kennen, Ihr Siberian Husky aber nicht. Sie wissen, dass man sich den Zorn der Nachbarn zuzieht, wenn die sorgsam gehegten und stolz im zaunlosen Vorgarten präsentierten Rosenbüsche durch die zweifelhaften Aufmerksamkeiten markierender Rüden hinterhältig „ermordet" werden – Ihr Siberian Husky weiß es nicht. Sie wissen, dass es sich bei den hinter kaum kniehohem Schafsdraht blökenden Schafen um wirtschaftliche Werte im Eigentum eines anderen handelt – Ihr Siberian Husky sieht stattdessen ein reichhaltig gedecktes und liebevoll für ihn zusammengestelltes Büfett mit freier Schafswahl. Sie wissen, dass wildernde Hunde gegebenenfalls von Jägern erschossen werden (dürfen) – Ihr Siberian Husky hingegen folgt auf der Jagd nach dem niedlich gepunkteten Bambi lediglich seinen Instinkten. Und nicht zuletzt wissen Sie um die tödlichen Gefahren des Straßenverkehrs – für Ihren Siberian Husky aber ist ein Auto nur eine Blechkiste, die ihn zu den tollsten Orten bringt. Woher soll er wissen, dass so ein Spaßmobil ihn umbringen kann, wenn er auf dem kürzesten Weg zur nächsten läufigen Hündin oder zu dem spannenden Gehege voller Hasen quer über die Straße läuft?

Natürlich können Sie Ihren Siberian Husky durch keine Erziehung der Welt zu einem vegetarischen Rosenliebhaber machen – sollten Sie so etwas anstreben, wäre die Anschaffung eines solchen Hundes ohnehin verfehlt. Im Rahmen der Erziehung zeigen Sie Ihrem Hund jedoch von Anfang an, dass Sie das Sagen haben, weil Sie derjenige sind, der weiß, wo es langgeht. Deswegen sind Sie derjenige, der die Befehle gibt – und Ihr Hund ist derjenige, der diesen Befehlen folgt. Sie wissen, dass Sie das wissen – vermitteln Sie dieses Wissen auch Ihrem Hund. Er muss lernen, dass er Ihnen vertrauen kann und dass er Sie zu respektieren hat – in seinem eigenen Interesse. Das ist es, was Erziehung bedeutet: Respekt und Vertrauen des Hundes in seinen Menschen.

Entwicklung und Sozialisierung

Die ersten Erziehungsmaßnahmen im Leben eines Siberian Huskys werden nicht vom Menschen vorgenommen, sondern von anderen Hunden – vor allem von der Mutterhündin. Erst in der Prägungsphase nimmt der Mensch ersten – aber entscheidenden – Einfluss. In dieser Zeit ist noch der Züchter gefragt, während die Erziehung durch den Besitzer erst in einer späteren Entwicklungsphase des Hundes folgt.

Der bekannte Forscher Eberhard Trummler hat die Entwicklungsphasen im Leben eines Welpen beginnend mit der Geburt nach Lebenswochen gegliedert und beschrieben. Hieran wird deutlich, welche Bedeutung insbesondere die sogenannte

Prägungs- und die Sozialisierungsphase haben. Welpen werden blind und taub und mit einem kaum ausgebildeten Geruchssinn geboren (vegetative Phase). Erst ab der dritten Lebenswoche beginnen sie, mithilfe der sich entwickelnden Seh- und Hörfähigkeit sowie des Geruchssinns, ihre Umwelt wahrzunehmen (Übergangsphase). Ab etwa der vierten Woche sind die Sinnesleistungen der Welpen voll entwickelt. Neugier und Lerntrieb treten in den Vordergrund: Die Welpen erforschen ihre Umwelt, zu der auch der Mensch gehört. Trummler bezeichnet diese bis etwa zur siebten Lebenswoche dauernde Phase als Prägungsphase.

Anschließend folgt die bis etwa zur zwölften Woche andauernde Sozialisierungsphase. Bereits in der Prägungsphase begonnene Verhaltensweisen entwickeln sich in der Kommunikation der Welpen untereinander weiter. Knurren, Fellsträuben, Abwehrschnappen und Ähnliches dienen der Entwicklung sozialer Beziehungen im Rudelverband. Die Welpen lernen über Abwehrreaktionen und Schmerzlaute des Unterlegenen, ihre eigenen Kräfte einzuschätzen und Regeln zu beachten, wodurch ernsthafte Schädigungen des Artgenossen und eine damit einhergehende Schwächung des Sozialverbandes vermieden werden. Gleichzeitig werden spielerisch Jagdtechniken erlernt, indem ein meist erwachsener Hund das „Wild" mimt, das von den Welpen gejagt und „erlegt" wird.

Insgesamt setzt eine straffere Disziplinierung ein, insbesondere durch den Vaterrüden, der Anfang und Ende eines Spiels mit den Welpen bestimmt und – von Trummler sogenannte – „Tabus" etabliert. Dabei erklärt er einen Knochen

Saugwelpen im Alter von einer Woche sind noch blind und taub. (Foto: Roppelt)

oder einen sonstigen Gegenstand zu seinem persönlichen Besitz und maßregelt die Welpen, die versuchen, an diesen Besitz zu gelangen. Das Ergebnis dieser Erziehung – die man sich als Mensch für Schuhe und Einrichtungsgegenstände zunutze machen sollte – ist, dass die Welpen schließlich das „Tabu" akzeptieren und nicht mehr versuchen, an den fremden Besitz zu gelangen – auch dann nicht, wenn der erziehende Rüde diesen gar nicht mehr im Auge behält.

Die Entwicklung im vierten bis fünften Monat bezeichnet Trummler als Rangordnungsphase, die im fünften bis sechsten als Rudelordnungsphase. Danach folgt – wie beim Menschen auch – die Pubertät. Wann genau diese Phase beginnt und wann sie endet, hängt von der Rasse, aber auch vom einzelnen Individuum ab. Der Siberian Husky ist in der Regel mit etwa eineinhalb bis zwei Jahren erwachsen, sodass die Pubertätsphase entsprechend lange dauern kann. Während der Pubertät scheint der Hund alles vergessen zu haben, was er bis dahin in puncto Erziehung gelernt hat. Alles, was bisher hervorragend und auf Anhieb funktionierte, bedarf nun etlicher Wiederholungen und vielfacher Ermahnungen.

Meistens läuft der Siberian Husky in dieser Phase zum ersten – und meist nicht zum letzten – Mal seinem Besitzer auf einem Spaziergang davon. Deshalb an dieser Stelle die später nochmals zu wiederholende Warnung und Bitte: Lassen Sie Ihren Siberian Husky nicht von der Leine! Auch wenn er als Welpe und Junghund Ihre Nähe suchte und freiwillig dicht bei Fuß lief, wird sich dieses Verhalten in aller Regel spätestens in

Alka-Shan's Victoria-Luise hat auf ihrer Entdeckungsreise ein Holzstück gefunden, das sie nun intensiv begutachtet und bekaut. (Foto: Witschel)

Was Hänschen nicht lernt ...

Sechs Monate alte Junghunde haben viel Spaß an gemeinsamen Spielen, dabei kann es in der Rudelordnungsphase auch schon mal zu Rangeleien kommen. (Foto: Roppelt)

der Pubertät ändern und er wird, entsprechend seinem eigenständigen Charakter, auf eigene Faust die Umgebung nach Unterhaltung und Beute erforschen.

Clevere Taktiken für eine erfolgreiche Erziehung

Die Taktiken für eine erfolgreiche Erziehung sind einfach: Konsequenz und Geduld. Setzen Sie vom ersten Tag des Zusammenlebens an klare Grenzen und halten Sie diese auf jeden Fall ein. Ein Verbot ist ein Verbot und bleibt ein Verbot, Ausnahmen gibt es nicht. Wenn Ihr Siberian Husky fünf Paar Schuhe nicht zerkauen durfte, Sie es ihm aber beim sechsten – das Sie, wenn Sie es sich recht überlegen, ja ohnehin schon längst in die Altkleidersammlung geben wollten – entnervt gestatten, wird er es nicht nur beim siebten Paar ebenfalls versuchen, sondern es auch für zulässig halten, aus dem reichhaltigen Schafsbüfett hinter dem kaum kniehohen Schafszaun ein klitzekleines Stückchen auszuwählen. Inkonsequenz in der Erziehung verunsichert einen Hund. Ihrem Siberian Husky zeigt sie darüber hinaus, dass er Ihnen nicht vertrauen kann – offensichtlich wissen Sie ja selbst nicht, was Sie wollen: zerkaute Schuhe oder unzerkaute? Wenn er Ihnen aber bereits bei einer Kleinigkeit wie der Schuhfrage misstraut, werden Sie bei lebenswichtigen Fragen erst recht keine maßgebliche Instanz für ihn sein. Der Siberian Husky ist selbstständig genug, seine eigenen Entscheidungen zu treffen, wenn er an Ihnen zweifelt. Seine Entscheidungen folgen dabei seinen Instinkten – in der freien Wildbahn ein Garant für sein Überleben, in unserer zivilisierten Umwelt aber ein Garant für bestenfalls Ärger, schlimmstenfalls Tod.

Neben den Verboten gibt es noch die Gebote – im Falle der Erziehung also Befehle oder Kommandos des Menschen, die der Hund zu befolgen hat. Lösen Sie sich bei dem Wort „Befehl" von der Vorstellung im Kommandoton herumbrüllender Menschen mit hochroten Köpfen. Lautstärke oder gar Tobsuchtsanfälle werden bei der Erziehung Ihres Siberian Huskys ohnehin nicht zum Erfolg führen. Bringen Sie ihm das, was Sie von ihm verlangen (wollen), geduldig bei und mit möglichst viel Spiel, Spaß und Spannung verbunden. Bedenken Sie, dass das Erlernen und Befolgen von Befehlen nichts mit stumpfsinnigem Exerzieren zu tun hat, sondern die geistigen Fähigkeiten Ihres Hundes fördern und fordern soll. Gleichzeitig handelt es sich um einen wesentlichen Bestandteil der Vertrauen und Respekt schaffenden Beziehung zwischen Ihrem Hund und Ihnen.

Über Erziehung von Hunden gibt es eine Vielzahl von Büchern mit einer Vielzahl von Tipps und Tricks. Meistens handelt es sich genau um das: Tricks. Diese wirken bei einem Siberian Husky leider nur selten und nie auf Dauer. Gehorsam lässt sich nicht durch Leckerchen erreichen, vor allem dann nicht, wenn sich interessantere Dinge am Wegesrand tummeln.

Bewährt haben sich hingegen Erziehungsphilosophien, die auf den Hund in seiner Komple-

Für die erlernten und richtig ausgeführten Übungen wird Vendic mit „Beute" aus dem Futterbeutel belohnt. (Fotos: Roppelt)

xität eingehen, seine Instinkte berücksichtigen und diese in die Erziehung einbeziehen, wie beispielsweise Natural Dogmanship® nach Jan Nijboer. Extrem verkürzt und sehr vereinfacht ausgedrückt wird hier dem Hund eine gemeinsame Jagd geboten; folgt der Hund dem Menschen, schließt er die gemeinsame Jagd erfolgreich ab und erhält dafür vom Menschen seinen Anteil am Jagderfolg in Form von Futter aus dem „erbeuteten" Futterbeutel. Für den Hund ist es aufgrund des für ihn erkennbaren unmittelbaren Erfolgs sinnvoll, den Befehlen des Menschen zu folgen. In die Jagdsequenzen können alle möglichen Befehle eingebaut werden. Berücksichtigt wird hierbei insbesondere das Wesen des Siberian Huskys, einem lauffreudigen, bewegungsorientierten Hund mit einem starken Jagdinstinkt.

Auch wenn es keine allgemeingültige Bedienungsanleitung für Hunde im Allgemeinen und Huskys im Besonderen gibt, sind kleine Regeln und Verhaltensstrukturen im Alltag einfach hilfreich. So sollte der Hund weder auf erhöhten Plätzen (wie Sofa oder Bett) noch an strategisch wichtigen Stellen liegen, wo er allein durch seine Anwesenheit alles kontrollieren kann (Türschwellen, im Flur oder an Treppenabsätzen). Aktivitäten (Spiele, Spaziergänge oder Ähnliches) gehen – analog zu dem in der Prägephase von dem erziehenden Rüden gezeigten Verhalten – ausschließlich vom Menschen aus und werden auch von diesem beendet. Der Hund sollte kein eigenes Spielzeug oder einen sonstigen Besitz zur ständigen freien Verfügung herumtragen oder an bestimmten Plätzen verstecken dürfen. Stattdessen sollte der Mensch ihm Spielzeuge während bestimmter „Spielzeiten" geben, sich mit dem Hund beschäftigen und danach alles wieder wegräumen. Gleiches gilt für Knochen, Kauknochen und Ähnliches.

Hase oder Leckerli?

Dass die Antwort Ihres Siberian Huskys „Hase!" lauten und schnellstmöglich in die Tat umgesetzt werden würde, steht außer Frage. Lassen Sie daher Ihren Husky niemals außerhalb eines eingezäunten Geländes frei und ohne Leine laufen! Warum sollte er bei Ihnen verharren, wenn nur wenige Meter entfernt ein wundervoller, appetitlich aussehender und sicherlich mit viel Spaß und Action zu jagender Hase verführerisch sein Stummelschwänzchen schwenkt? Als Gegenargument für so viel Spaß, Spannung und Schmackhaftigkeit vermag ein schlichtes Leckerchen in der Hand des Besitzers sicherlich nicht zu überzeugen.

Leider ist, trotz des bekanntermaßen starken Jagdtriebes, eine permanente „Leinenpflicht" für viele Menschen undenkbar. Häufig wird die Leine als Einschränkung für den Hund und damit als Minderung seiner Lebensqualität empfunden. Ebenso häufig – auch wenn der Mensch es nicht zugeben will – wird allerdings das Freilaufen schlichtweg als bequeme Lösung für Erziehungsdefizite praktiziert. Natürlich ist es alles andere als entspannend und angenehm, mit einem wie wild an der Leine zerrenden Hund spazieren zu gehen. An einem Ende der Leine wird röchelnd in sturer

Ignoranz der zugeschnürten Kehle der Weg vorgegeben, am anderen Ende drohen wegen mangelnder Geschwindigkeit Muskelkater und ausgekugelte Schultergelenke. Steigt der clevere Huskybesitzer zur Vermeidung derartiger Verletzungsfolgen auf den Bauchgurt um, bringen ihn stattdessen die auf seine Körpermitte einwirkenden Kräfte bei kleinster Unaufmerksamkeit völlig aus dem Gleichgewicht. Warum also nicht ohne störenden Hund an der Leine entspannt durch Wald und Feld spazieren, darauf vertrauend, dass sich bestimmt kein Wildtier zeigen wird und dass man erschrockene Mitmenschen, die plötzlich einem aus dem Gebüsch schießenden Husky gegenüberstehen, mit dem leicht hysterischen Ruf: „Der tut nichts, der will nur spielen!", beruhigen kann.

Natürlich spricht rein gar nichts dagegen, ohne störenden Hund an der Leine spazieren zu gehen. Nur sollte man dann keinen Hund haben – weder einen Siberian Husky noch einen anderen. Einen Hund sollte man sich nur dann anschaffen, wenn man Spaß an gemeinsamen Aktivitäten mit ihm hat und bereit ist, die dafür notwendige Zeit und Arbeit im Sinne von Zusammenarbeit zu investieren. Ein Spaziergang, bei dem jeder ohne Leinenverbindung für sich allein wandelt, der eine entspannt die Natur, der andere das Herumschnuppern genießend, hat nichts mehr mit „gemeinsamer Aktivität" oder „Zusammenarbeit" zu tun. Der Mensch ist also gefordert, den Spaziergang als gemeinsame Aktivität mit dem Hund zu gestalten.

Beim Siberian Husky bietet es sich an, den Standardspaziergang durch Zugtraining zu ersetzen. Zum einen wird hier als Team Mensch–Hund gemeinsam agiert, zum anderen lastet Zugtraining den Siberian Husky als Arbeitshund optimal aus. Trotzdem sollte man die geistige Förderung – beispielsweise in Form von Jagd- oder Suchspielen an der langen Leine – nicht vernachlässigen, die sich in Form verschiedener Aufgaben und Spiele für den Hund in den Spaziergang integrieren lässt und sich insbesondere für die Zeiten im Jahr anbietet, in denen Zugtraining aufgrund der Temperaturen nicht oder nur eingeschränkt möglich ist. Dass auch ein arbeitender Siberian Husky lernen kann, ohne Zug spazieren zu gehen, ist selbstverständlich.

Es muss nicht immer der Agility-Parcours sein – auch in der Natur finden sich Hindernisse, die beim Spaziergang für Spannung sorgen.
(Foto: Perfeller)

Der Siberian Husky ist ein Arbeitshund

Der Siberian Husky wurde als Schlittenhund gezüchtet. Dementsprechend bietet der Schlittenhundesport in einer seiner vielen Variationen optimale Bedingungen für Bewegung und Auslastung dieser Rasse – auch bereits für einen einzelnen Hund.

(Foto: Hanselle)

Eine traumhafte Tour, wie hier durch die schwedische Natur, ist für Mensch und Tier das Größte.
(Foto: Krügel)

Schlittenhundesport – unendliche Möglichkeiten mit und ohne Schnee

Um dem Bewegungsdrang eines oder mehrerer Siberian Huskys gerecht zu werden, bietet der Schlittenhundesport eine Vielzahl von Möglichkeiten mit und ohne Schnee – Letzteres ist in unseren Breitengraden und angesichts der in vielen Regionen Europas kaum noch vorhandenen Winter besonders wichtig. Da der Siberian Husky als Nordischer Hund kühle Temperaturen bevorzugt, gestaltet sich der Schlittenhundesport faktisch meist ganz anders, als man vielleicht denkt. Training ist nur bei Temperaturen unter 15 Grad möglich, im Sommer wird in der Regel eine Trainingspause eingelegt. Richtig los geht es dann wieder im Herbst und über den Winter bis in den Frühling. Aber anstatt in der Stille einer verschneiten Landschaft das reine Weiß zu genießen, lernt der Schlittenhundesportler während dieser Zeit nahezu jede Form von Matsch, Schlamm und Modder kennen – auf den Hunden, auf den Trainingsgeräten, auf der Kleidung, im Gesicht und in den Haaren.

Schlittenhundesport bedeutet Zugarbeit für den Hund. Entscheidend ist, dass der Hund vor einem Trainingsgerät läuft, konzentriert arbeitet und in gleichmäßigem Tempo zieht. Dabei muss er unbedingt ein speziell für die Zugarbeit entwickeltes Geschirr tragen, das den Druck gleichmäßig und ohne Einschränkungen der Atmung und des Bewegungsapparates verteilt. Die Wahl des Trainingsgerätes hängt von der persönlichen Vorliebe und der vorhandenen Hundeanzahl ab. Man kann mit einem oder zwei Hunden joggen und sich dabei ziehen lassen (Canicross), man kann ein bis zwei Hunde vor ein Fahrrad (Bikejöring) oder einen Roller spannen oder man nutzt, ab mindestens drei Hunden, einen Trainingswagen, dessen Größe und Gewicht sich nach der Anzahl der vorgespannten Hunde richten. Im Schnee kommt der klassische Hundeschlitten zum Einsatz, daneben aber auch Skier mit und ohne Pulka (einem kleinen Schlitten zwischen Skifahrer und Hund).

Jeder kann Schlittenhundesport für sich allein und unabhängig von offiziell veranstalteten Wettbewerben betreiben. Da es jedoch für alle Variationen des Schlittenhundesports eigene Kategorien mit separaten Wertungen bei Rennveranstaltungen gibt, werden wir die Möglichkeiten der Zugarbeit anhand dieser Kategorien vorstellen.

Schlittenhunderennen

Abhängig von den Wetterbedingungen unterscheidet man die Veranstaltungen im Schlittenhundesport nach Schnee- und Wagenrennen. Die Saison beginnt im Herbst – also noch ohne Schnee – mit Wagenrennen, die über Wald-, Wiesen- und Feldwege (möglichst ohne Asphalt!) gefahren werden. Die Teilnehmer verwenden auf – angesichts des Trainingszustandes der Hunde – zunächst kurzen Strecken zwischen circa fünf und zehn Kilometern vierrädrige Trainingswagen, Fahrräder oder „Scooter" (Roller) oder laufen selbst hinter ihrem ziehenden Hund. Für die meisten Musher sind diese Rennen reine Trainingsrennen zur Vorbereitung und Einstimmung auf die Wintersaison; es gibt aber angesichts der Klimaänderung und milder Winter zunehmend auch im Bereich der Wagenrennen Meisterschaften und Musher, die ausschließlich diese Rennen fahren.

Im Winter werden weltweit zahlreiche Schneerennen ausgetragen. National finden diese Rennen wetterabhängig überwiegend in den Wintersportgebieten wie dem Bayerischen Wald, dem Thüringer Wald und in den Alpen statt. Angeboten werden, gegliedert nach Streckenlänge, sowohl Sprint- als auch Mitteldistanzrennen.

Ab Januar beginnen die großen mitteleuropäischen Schneerennen wie das „Alpentrail" durch die Alpen in Italien, der Schweiz und Österreich, das „Pirena" durch Spaniens Pyrenäen oder die jährlich in Deutschland – entsprechende Wetterbedingungen vorausgesetzt – auf dem Rennsteig stattfindende „Trans-Thüringia", mit knapp 400 Kilometern in neun Tagen das längste mitteleuropäische Rennen. Langstreckenrennen findet man in Skandinavien: „Femundlopet", „Finmarkslopet" oder „Polardistans". Für die größten Rennen hingegen muss man weiter bis nach Alaska reisen, wo jährlich das „Iditarod" sowie das

Das große Team von Stefan Roppelt bei einem Rennen in den Alpen. (Foto: Hanselle)

bekannte „Yukon Quest" stattfinden, bei denen Streckenlängen von mehr als 1.800 Kilometern zurückgelegt werden müssen. Bei all diesen Rennen handelt es sich um sogenannte „Stage-Stop-Rennen" (Etappenrennen), bei denen Musher und Hunde an mehreren aufeinanderfolgenden Tagen verschiedene Strecken unterschiedlicher Länge und mit unterschiedlichen Streckenprofilen bewältigen müssen; bei den Langstreckenrennen kommen Übernachtungen auf dem Trail (so nennt man die Rennstrecke) hinzu.

Wenn Sie als Zuschauer bei einem Rennen ein bisschen Schlittenhundeluft schnuppern wollen, werden sich Veranstalter und Musher über Ihr Interesse freuen. Meist haben Sie die Möglichkeit, die Gespanne nicht nur beim Start, auf der Strecke oder bei der Zielankunft zu sehen, sondern darüber hinaus noch am sogenannten Stake-Out. Hierbei handelt es sich um einen unmittelbar an der Rennstrecke gelegenen Platz, auf dem die Musher in Wohnwagen oder Wohnmobilen während des – auch bei Wagenrennen mindestens ein Wochenende dauernden – Rennens campen. Damit die Hunde außerhalb des eigentlichen Rennens nicht ausschließlich in ihren Transportboxen bleiben müssen, hat nahezu jeder Musher neben seinen Fahrzeugen zwischen im Boden verankerten Metallpflöcken Drahtseile gespannt, an denen die Hunde befestigt werden. Gegen ein Ansehen der Hunde hat niemand etwas und bei Fragen wird Ihnen der Besitzer gern zur Verfügung stehen. Respektieren Sie aber bit-

Auch mit zwei Hunden kann man Schlitten fahren. Der 15 Jahre alte Schlittenfahrer Mateusz Juszczyk wurde schon zweimal Junior Champion. (Foto: Juszczyk)

te trotzdem die Privatsphäre der Musher und der Hunde und fassen Sie ohne vorherige Erlaubnis die Hunde am Stake-Out nicht einfach an – auch Schlittenhunde haben Zähne!

Bitte lassen Sie bei dem Besuch eines Schlittenhunderennens Ihren eigenen Hund zu Hause! Ihr Hund hat nichts davon, sich andere Hunde anzusehen. Zuschauerhunde führen zudem häufig zu Irritationen der Gespanne, vor allem, wenn dort junge und unerfahrene Hunde an das Wettkampfgeschehen herangeführt werden sollen. Von derart unsportlichen Ablenkungen sollte man absehen.

Teamgrößen und Rennklassen

Kurz zusammengefasst ergeben sich die bereits angesprochenen Varianten des Schlittenhundesports sowie mögliche Teamgrößen und Rennklassen von einem Hund bis hin zu einem „echten" Schlittenhunderudel aus der folgenden Übersicht:

Sprint-Schneerennen

Bezeichnung	Gerät	Anzahl Hunde	Distanz
Skijöring	Ski und Bauchgurt	1	ca. 12 km
Pulka	Ski, Pulkaschlitten	1–3	ca. 12 km
D1	Schlitten	2	ca. 5 km
C1	Schlitten	3–4	ca. 8 km
B1	Schlitten	5–6	ca. 14 km
A1	Schlitten	7–8	ca. 18 km
O1	Schlitten	ab 9	ca. 20 km

Mitteldistanz- und Longtrail-Schneerennen

(Die Distanzen sind je nach Rennort und dortigen Gegebenheiten unterschiedlich; grundsätzlich bezeichnet man Streckenlängen zwischen 30 und 60 Kilometern als „Mitteldistanz", ab 200 Kilometern als „Longtrail".)

Bezeichnung	Gerät	Anzahl Hunde
Pulka	Ski, Pulkaschlitten	1–3
D1/LT1	Schlitten	3–4
D2/LT2	Schlitten	5–6
DO/LTO	Schlitten	ab 7

Vereinsstruktur in Deutschland

Verwirrend viele verschiedene Vereine beschäftigen sich mit Schlittenhunden. Grundsätzlich ist zunächst zwischen Zuchtvereinen und Sportvereinen zu unterscheiden. Bei den Sportvereinen gibt es sodann die Untergliederung nach der Betreuung von reinrassigen und nicht reinrassigen Schlittenhunden; auf diese Unterscheidung werden wir im Folgenden unter „Die Familie der Schlittenhunde" nochmals eingehen. Die beiden deutschen Zuchtverbände, der Siberian Husky Club Deutschland e.V. (SHC) und der Deutsche Club für Nordische Hunde e.V. (DCNH) sind dem Verband für das Deutsche Hundewesen e.V. (VDH) angeschlossen, dieser wiederum der FCI (Fédération Cynologique Internationale). Bei „reinrassigen" Schlittenhunderennen sind nur Hunde mit einer gültigen FCI-Ahnentafel (oder AKC-Ahnentafel) zugelassen.

Im Bereich des Schlittenhundesports werden die reinrassigen Schlittenhunde (Siberian Husky, Alaskan Malamute, Samojede und Grönlandhund) in Deutschland durch den nationalen Dachverband AGSD (Arbeitsgemeinschaft Schlittenhundesport Deutschland e.V.) betreut, dem unzählige regionale Sportvereine angeschlossen sind. Die AGSD ist ihrerseits dem internationalen Dachverband WSA (World Sleddog Association e.V.) angeschlossen.

Im DSSV (Deutscher Schlittenhundesport-Verband e.V.) – ebenfalls mit vielen untergeordneten Vereinen – werden alle Schlittenhunde betreut, auch solche, die keiner offiziell anerkannten Schlittenhunderasse angehören.

Inwieweit sich diese nationale Vereinsstruktur mit Untergliederung in AGSD und DSSV halten wird, bleibt abzuwarten. Es gibt Bemühungen, mit dem VDSV (Verein Deutscher Schlittenhundesport-Vereine) einen einheitlichen, rasseübergreifenden Gesamtverband für alle Schlittenhunde zu etablieren.

Canicross, Bikejöring und Skijöring

Für all diejenigen, die Schlittenhundesport mit einem oder zwei Huskys betreiben möchten, gibt es Canicross und Bikejöring für Jahreszeiten ohne sowie Skijöring für Jahreszeiten mit Schnee.

Bikejöring bezeichnet Zugarbeit vor einem Fahrrad, in der Regel vor einem stabilen Mountainbike. Alternativ, und abhängig vom persönlichen Geschmack, kann statt des Fahrrads auch ein Roller (Scooter) genommen werden. Unterschiede ergeben sich hauptsächlich für den Fahrer: Während er beim Fahrrad durch Treten der Pedale seine Hunde unterstützen kann, stößt er sich beim Roller jeweils mit einem Fuß vom Boden ab und kann so für eine beschleunigte Fortbewegung sorgen. Die Hunde tragen ein spezielles Laufgeschirr für eine optimale Verteilung der Zuglast. Um eine freie Atmung zu gewährleisten, dürfen weder Hals noch Brustkorb eingeschnürt werden; die Schulterblätter der Hunde müssen frei beweglich sein. Durch die Konstruktion des passgenauen Laufgeschirrs wird der Zug von der sogenannten Tugschlaufe auf Höhe der Schwanzwurzel so übertragen, dass die Last überwiegend auf dem Brustbein des Hundes ruht; so wird eine gute Bewegungsfreiheit gewährleistet. In der Tugschlaufe am Ende des Geschirrs sind die Karabiner der Zugleine eingehakt, die die Hunde mit dem Fahrrad verbindet. So entsteht ein Gespann, mit dem nach den gleichen Prinzipien wie vor einem Schlitten gearbeitet werden kann.

Die Vorteile des Bikejöring liegen auf der Hand: Der Mensch verschafft seinem angeleinten Hund Bewegung, wobei Ausdauer und Schnelligkeit trainiert werden, wie es neben dem Fahrrad nicht möglich wäre. Im Unterschied zum frei laufenden Hund bilden beim Bikejöring Mensch und Hund (möglich sind ein oder zwei Hunde vor dem Fahrrad) ein Team und betätigen sich gemeinschaftlich. Der Hund erfüllt eine Aufgabe, die ihm Spaß macht und ihn auslastet. Wichtig ist, dass die Hunde nicht überfordert werden und die Lust am gemeinsamen Hobby verlieren, wofür wechselnde Trainingsstrecken und sorgsames Aufbau- und Konditionstraining sorgen.

Für jemanden, der lieber selbst läuft statt radelt, bietet Canicross eine hervorragende Alternative. Auch hier geht es um gemeinsamen Sport von Mensch und Hund in einem durch eine Zugleine verbundenen Team. Wie stets im Schlittenhundesport trägt der Zughund sein spezielles Zuggeschirr und ist mit einer etwa 2 Meter langen Leine am sogenannten Bauch- oder Joggergurt (ein breiter, mit Schaumstoff gepolsterter Gürtel aus Cordura oder vergleichbaren Materialien) und damit unmittelbar am Menschen befestigt. Die Zugkraft, die der vorweglaufende Hund aufbaut,

Gemeinsames Jogging mit Hunden am Bauchgurt nennt man Canicross. Der Läufer Malte Stodt betreibt diesen Sport seit vielen Jahren, auch mit Senioren-Huskys.
(Foto: Schätz)

Beim Bikejöring unterstützt man sich gegenseitig.
(Foto: Schätz)

wird über diesen Bauchgurt auf den Menschen übertragen, dieser wird also von seinem Hund gezogen. Diese Art der Fortbewegung ist allerdings – auch wenn es zunächst nicht so scheint – für den Menschen sehr anstrengend und stellt eine völlig andere Belastung für Muskeln und Gelenke dar als normales Joggen.

Canicross ist mit ein bis zwei Hunden möglich, wobei die Belastung für den Menschen mit der Anzahl der Hunde wächst. Aufgrund der geringeren Geschwindigkeit und der besseren Möglichkeiten, auf den Hund einzuwirken, bietet sich Canicross auch für die Ausbildung des Hundes für späteres Bikejöring an.

Mit Skiern und Pulkaschlitten unterwegs.
(Foto: Hanselle)

Auch bei der Alternative mit dem Roller muss jeder mitarbeiten.
(Foto: Dahmen)

Jeder, der mit seinem Siberian Husky Schlittenhundesport betreiben will und über Bikejöring oder Canicross nachdenkt, muss sich bewusst sein, dass Ausbildung und Gehorsam der Hunde hierfür unabdingbar sind. Die Hunde folgen allein den verbalen Kommandos des Mushers, andere Einflussmöglichkeiten bestehen aufgrund der Geschwindigkeit und der gleichzeitigen Handhabung eines Trainingsgerätes nicht. Ein solider Grundgehorsam der Hunde ist eine absolute Notwendigkeit, wird aber von Anfängern leider oftmals völlig unterschätzt.

Keinesfalls kann man einem unausgebildeten Hund einfach ein Geschirr anziehen und ihn vor ein Fahrrad hängen – solche leichtsinnigen Aktionen enden oft genug mit Knochenbrüchen als Folge schwerer Stürze, weil Eigeninitiativen eines eingespannten Hundes durch den Fahrer nicht kompensiert werden können. Die Hunde müssen nicht nur auf Kommando loslaufen und die Richtungskommandos beherrschen. Sie müssen vor allem auch, im Interesse der Sicherheit von Fahrer, Hunden und unbeteiligten Dritten, in jeder Situation auf Kommando anhalten.

Wer im Winter mit einem oder zwei Hunden unterwegs sein will, kann dies auf Skiern tun. Beim Skijöring ist der Hund – wie beim Canicross – per Bauchgurt unmittelbar mit dem Skifahrer verbunden. Es gibt aber auch die Pulka, einen kleinen Schlitten, der zwischen Skifahrer und Husky gespannt ist und in dem bei längeren Strecken Ersatzausrüstung, Futter und Wasser transportiert werden können.

Beim Skijöring geben Mensch und Hund Vollgas. Das Foto zeigt die amtierende Weltmeisterin Tamara Schlemmer. (Foto: Schätz)

Das „Huskyvirus" und seine Folgen

Wie genau das „Huskyvirus" übertragen wird, konnte bisher wissenschaftlich nicht geklärt werden. Man erkennt eine Infektion jedoch deutlich an der zunehmenden Anzahl von Siberian Huskys. Einen wirksamen Schutz vor dem „Huskyvirus" scheint es nicht zu geben, sodass nicht wenige Halter von ehemals ein bis zwei Hunden

Noch ist es ein kleines Rudel …
(Foto: Proske)

Equipment

Auf die mit der Haltung vieler Hunde verbundene finanzielle Belastung sind wir bereits in dem Kapitel „Einzelhund oder Rudel?" eingegangen. Damit allein ist der finanzielle Aspekt des Schlittenhundesports mit einem größeren Gespann jedoch noch nicht erledigt, hier kommen weitere Anschaffungen hinzu. Die Grundausstattung für das Gespannfahren besteht zumindest aus einem vierrädrigen Trainingswagen für den Herbst und einem Schlitten für den Winter. Der Trainingswagen sollte der Anzahl der Hunde angepasst sein. Die Hersteller bieten Gewichtskategorien von 35 bis 40 Kilogramm für kleine Teams bis hin zu 120 Kilogramm für die großen Gespanne an. Das Gerät sollte so gewählt werden, dass man das Gespann jederzeit kontrollieren kann. Je mehr Hunde bewegt werden, umso höher sollte das Gewicht des Trainingswagens sein. Ein solides und funktionstüchtiges Bremsensystem ist obligatorisch. Wichtig sind auch Feststellbremsen und die sogenannte Krallenbremse, damit das Team unterwegs gesichert werden kann, wenn man absteigen muss oder will. Optional kann man zusätzlich eine Hydraulikbremse installieren lassen.

Schlitten gibt es ebenfalls in den unterschiedlichsten Ausführungen. Entscheidend ist hier weniger das Gewicht, sondern mehr die Länge der Ladefläche. Für Longtrailrennen und Touren benötigt man eine längere Ladefläche als bei den kurzen Sprintrennen, um beispielsweise Reserveausrüstung, Proviant und eventuell einen verletzten Hund im Schlittensack transportieren zu

schließlich bei einer mittleren Anzahl von circa zwölf Hunden landen. Häufig erfolgt die Aufstockung des Hundebestandes allerdings ohne entsprechende Planung und ohne Berücksichtigung oder Kenntnis der mit dem Unterhalt eines Rudels verbundenen Konsequenzen und Folgen: angefangen vom Platzangebot über die toleranten (oder nicht vorhandenen) Nachbarn bis hin zum finanziellen Aspekt – vom Zeitaufwand ganz zu schweigen. Beobachtet man die Schlittenhundeszene, sieht man dort immer wieder Leute, die im Überschwang der durch das „Huskyvirus" hervorgerufenen Gefühle ihren Hundebestand schnell vergrößern und dann genauso schnell – häufig genug zulasten der Hunde – wieder abbauen.

Der Siberian Husky ist ein Arbeitshund

können. Ein wichtiges Utensil ist immer auch der Schneeanker, mit dem man Schlitten und Team unterwegs sicher anhalten und befestigen kann.

Für die Hunde braucht man nicht nur Halsbänder (wegen der Verletzungsgefahr keine, die sich von selbst verstellen können) und „normale" Leinen, sondern auch spezielle Zugleinen, die in der Regel aus stabilem Material wie Nema, Kevlar oder Polypropylen gefertigt sind, gut sitzende Geschirre und Hundeschuhe, sogenannte Booties. Letztere dienen zum Schutz der Pfoten bei leichten Verletzungen und sollten für das Training vor dem Wagen am besten aus Cordura oder Neopren sein; für Schnee eignen sich Materialien wie leichter Baumwollstoff oder Fleece. Alles muss natürlich in ausreichender Anzahl vorhanden sein, damit im Bedarfsfall sofort Ersatz zur Hand ist.

Welpen dürfen noch keinen Schlitten ziehen, aber Mitfahren ist selbstverständlich schon erlaubt. (Foto: Krügel)

Komfortabel reisen

Kostenintensiv kann auch die Anschaffung des Fuhrparks werden. Benötigt wird neben der Transportmöglichkeit für Hunde eine transportable und möglichst winterfeste Übernachtungsmöglichkeit für den Musher. Grundsätzlich können die Hundeboxen für den Transport der Hunde auf einem Transporter oder Pick-up untergebracht werden, hinter den dann für den Musher noch ein Wohnwagen gehängt wird. Alternativ kann auch ein Anhänger mit Boxenaufbau für die Hunde hinter ein Gefährt freier Wahl (Wohnmobil oder Pkw mit Zelt im Kofferraum) gehängt werden. Häufig findet man Eigenaus- und -Umbauten, bei denen Wohnmobile oder Wohnwagen mit zusätzlichen Hundeboxen versehen wurden. Entscheidend ist dabei neben der Boxengröße (für den Siberian Husky eignen sich Boxen mit den Maßen 60 x 90 x 60 Zentimeter, auch Doppelboxen für zwei Hunde sind möglich) die ausreichende Belüftung. Boxen im Außenbereich müssen zudem noch wetterfest sein.

Unterwegs werden die Hunde an einem sogenannten „Stake-Out" angebunden.
(Foto: Roppelt)

Unterwegs – auf Rennen, im Trainingslager oder im Urlaub, wo kein Zwinger zur Verfügung steht – bindet man die Hunde an ein sogenanntes Stake-Out, an dem sie auch ihr „Geschäft" verrichten. Diese Vorrichtung aus einem stabilen Drahtseil oder einer Kette wird mit langen Stangen im Boden verankert und verfügt über separate Abgänge (kürzere Drahtseile oder Ketten, an denen jeweils ein einzelner Hund befestigt wird) an Drehwirbeln im Abstand von jeweils eineinhalb bis zwei Metern, sodass jeder Hund ausreichend Bewegungsfreiheit hat und sich stressfrei entspannen kann.

Training und Ernährung

Wie bei jedem Athleten setzen die sportliche Beanspruchung und Leistung des Schlittenhundes ein adäquates Training und eine ausgewogene, angepasste Ernährung voraus.

Die spielerische Vorbereitung des Junghundes

Ein Siberian Husky ist erst mit etwa 18 Monaten körperlich und geistig vollständig entwickelt. Zu frühe Belastung oder gar Überbelastung können das sich noch im Wachstum befindende Skelett

Der Siberian Husky ist ein Arbeitshund

sowie die Gelenke, Knorpel, Bänder und Muskeln schädigen. Zur Vermeidung solcher Schädigungen sollte man mit einem Junghund zunächst nur Spaziergänge machen, walken, joggen, Kommandos üben oder ihn locker kurze Strecken neben dem Fahrrad laufen lassen.

Mit dem eigentlichen Zugtraining für die Junghunde wird im Alter von acht bis zehn Monaten bei kühlen Temperaturen (unter 15 Grad Celsius) begonnen. Hat man bereits ausgebildete Schlittenhunde, werden die „Youngsters" zum Ende einer Trainingseinheit neben einem erfahrenen älteren Hund eingespannt und laufen bei mäßiger Geschwindigkeit und moderatem Gewicht eine kurze Strecke von etwa 1 bis 2 Kilometern einfach mit. Auch bei der Ausbildung eines Einzelhundes für Canicross oder Bikejöring sollten für den Anfang nur kurze Strecken gewählt werden, damit sich die Junghunde niemals müde oder ausgepowert fühlen. Der Trainingslauf sollte immer dann beendet werden, wenn es am schönsten ist, damit die Hunde Arbeit und Laufen positiv verknüpfen. Keinesfalls sollte man die Zugarbeit mit der Vorstellung angehen, seinen Hund dadurch „richtig müde" zu bekommen – es gibt keine bessere Möglichkeit, den Siberian Husky zum Verweigern dieser Beschäftigung zu bringen, als die so verursachte Demotivation.

Nach mehreren kurzen Trainingsläufen, bei denen sich das Verhalten der Junghunde im Gespann festigt und sie mehr und mehr wissen, worum es eigentlich geht, wird die Dauer der Trainingseinheiten langsam gesteigert. Nach wie

Der kühle Morgennebel ist ideal für das Zugtraining. Ab einem Alter von zehn Monaten dürfen Junghunde zusammen mit ausgebildeten Hunden erste Erfahrungen vor dem Trainingswagen sammeln.
(Foto: Roppelt)

vor ist entscheidend, dass die mittlerweile etwa zwölf Monate alten Junghunde nicht erschöpft sind und während der Trainingseinheiten keine Angst bekommen (beispielsweise vor der Geschwindigkeit in abfallendem Gelände). Geduld und Einfühlungsvermögen sowie eine genaue Beobachtung der Hunde sind erforderlich.

Solides Aufbautraining

Zu Beginn des Trainings kann die noch nicht ausreichend vorhandene Muskulatur den Gelenken und Bändern nicht genügend Halt geben. Auch die Kondition ist noch nicht vorhanden. Wichtig

Sechsmal Power vor dem Floß: Zugtraining im Sommer. (Foto: Ullmann)

Rollentausch: Auch der Mensch ist mal an der Reihe. (Foto: Ullmann)

ist daher grundsätzlich die Berücksichtigung der Außentemperatur, um einer Überhitzung vorzubeugen. Dazu kommt es, wenn der Hund bei zu hohen Temperaturen – auch und vor allem in Verbindung mit hoher Luftfeuchte – die durch seine Arbeit erzeugte Wärme nicht mehr ausreichend ableiten kann. Die Folgen können ein lebensbedrohlicher Hitzschlag oder ein Kollaps sein. Die hiermit verbundenen Symptome sind vielfältig, aber leicht zu erkennen: weit aufgerissener Rachen mit weit nach hinten gelegtem Kopf, wackeliger Gang, tiefes und schweres Atmen, eventuell Erbrechen und wässriger Durchfall. Das Tier bedarf einer sofortigen tierärztlichen Versorgung! Die geeignete Erste-Hilfe-Maßnahme bis zum Eintreffen des Tierarztes ist die Kühlung des Hundes am Bauch und im Nacken, bis die Körpertemperatur auf 39,5 Grad abgesunken ist. Zur Kühlung eingesetzt werden können Schnee oder Wasser – aber bitte keinesfalls einfach Schnee über den Hund häufen, denn Schnee isoliert bekanntlich!

Erst bei Temperaturen unter 15 Grad sollte mit dem eigentlichen Training auf kurzen Strecken (etwa 3 Kilometer) in einer moderaten Geschwindigkeit (unter 20 Kilometern pro Stunde) begonnen werden. Extreme Anstiege oder Abfahrten sollten zu Anfang des Trainings vermieden werden. Galoppiert ein Hund bergab, fängt er sein ganzes Gewicht auf den Schultern und den Vorderbeinen ab. Solange Muskeln und Bänder noch nicht stabil genug sind, besteht dabei eine erhebliche Verletzungsgefahr. Nach etwa sechs bis acht Trainingseinheiten kann – entsprechende Außentemperaturen vorausgesetzt – die Streckenlänge geringfügig gesteigert werden. Die weitere Steigerung hängt jeweils von einer Kombination aus Temperatur, Luftfeuchtigkeit und der Konstitution der Hunde ab; bei hoher Luftfeuchtigkeit und milden Temperaturen sollte die Streckenlänge verkürzt werden. Während des Trainings sollte man, zumindest anfangs, auch Pausen einbauen. Das Training erfolgt in Intervallen, beispielsweise zwei Tage trainieren – ein Tag Pause.

Wasserhaushalt und optimale Ernährung

Anders als Menschen können Hunde sich bei Anstrengung oder Hitze keine Kühlung durch Schwitzen aus den Hautporen verschaffen, sondern der Körper wird allein durch Verdunstung bei der Atmung (Hecheln) gekühlt. Die Wärmeabgabe erfolgt durch Verdunstung von Wasser in der Lunge sowie durch Verdunstung von Speichel. Die eingeatmete Luft wird auf ihrem Weg in die Lunge angewärmt und mit Wasserdampf gesättigt, wobei Verdunstungskälte entsteht und unmittelbar zu einer Abkühlung des Blutes in den Gefäßen der Maulhöhle und der Lunge führt. Durch das Heraushängen der stark durchbluteten Zunge und Belecken des Fanges entsteht zusätzliche Verdunstung. Diese Verdunstung sinkt allerdings mit steigender Temperatur und Luftfeuchtigkeit der Umgebung. Wird durch Muskelarbeit beim Laufen weitere Wärme erzeugt, benötigt der Hund zur Ableitung dieser Wärme entsprechend viel Flüssigkeit. Daher werden Schlittenhunde vor einer geforderten Arbeitsleistung gewässert, das heißt, sie erhalten etwa eineinhalb bis zwei Stunden vor dem Start der Trainingseinheit oder des Rennens eine Menge von einem bis eineinhalb Litern Flüssigkeit, meist als schmackhafte Suppe aus rohem Fleisch (Rind, Geflügel oder Fisch) oder aus eingeweichtem Trockenfutter. Kurz vor dem Start erhält der Hund eine weitere kleine Menge bis zu 500 Millilitern und nach Beendigung der Trainingseinheit oder des Rennens erneut einen Liter Suppe oder klares (nicht zu kaltes) Wasser.

Alle sind sofort zur Stelle, wenn es vor der Abfahrt Suppe gibt. (Foto: Roppelt)

Während für den Hund mit normaler Beanspruchung ein hochwertiges Trockenfutter völlig ausreichend ist, benötigen arbeitende Siberian Huskys zusätzliche Energie in Form von Fetten und Proteinen. Während der Trainings- und Rennsaison wird daher das Basistrockenfutter durch frisches Fleisch (Rind, Geflügel oder Fisch) ergänzt. Zusätzlich kann eine entsprechende Pulvermischung aus Vitaminen, Mineralstoffen und Spurenelementen aus dem Fachhandel zugefüttert werden. Wertvolle Energielieferanten sind Lachsöl oder Fischöl, welche sowohl Omega-3- als auch Omega-6-Fettsäuren enthalten. Zur Stabilisierung und Unterstützung des Bewegungsapparates und der Ballen und Krallen kann man Produkte aus Gelatinehydrolysat und/oder Muschelextrakt füttern.

Alternative Beschäftigungsmöglichkeiten

Nicht jeder Siberian Husky hat Freude an der Zugarbeit. Häufig neigen gerade Einzelhunde dazu, diese Arbeit zu verweigern und gemütlich mit der Nase am Boden vor ihrem Besitzer und seinem Trainingsgerät über den Weg zu pendeln. Trotzdem bleibt auch ein solcher Siberian Husky ein Arbeitshund, der körperlich und mental gefordert und gefördert werden will.

Neben ausgedehnten Wanderungen oder Ausflügen, bei denen der Hund neben dem Fahrrad läuft, gibt es ein breites Angebot an sportlichen Betätigungen mit Hunden. Zu den bekanntesten gehört wohl Agility. Auch wenn der Siberian Husky kein typischer Agilityhund ist, ist er doch aufgrund seiner Intelligenz durchaus in der Lage, einen solchen auf Geschicklichkeit basierenden Hundesport auszuüben. Manchmal kommt ihm dabei allerdings sein stürmischer Bewegungsdrang in die Quere.

Weniger bekannt ist das Mantrailing, bei dem der Hund lernt, im Gelände versteckte Menschen (oder Gegenstände) aufzufinden. Diese Sportart kommt dem Lauf- und Jagdinstinkt des Siberian Huskys ebenso wie alles, was mit Bewegung zu tun hat, entgegen.

Wenn es heiß ist, freuen sich die meisten Huskys über ein erfrischendes Bad. (Foto:Perfeller)

Der Siberian Husky ist ein Arbeitshund

Gemeinsames Klettern ist eine gute Alternative zur Zugarbeit. (Foto: Krügel)

Obedience mag im Rahmen der Erziehung und als Ergänzung zu anderen Betätigungen sinnvoll sein, ist aber für den sehr bewegungsorientierten Siberian Husky sicherlich nicht die erste Wahl bei der Suche nach einer Hundesportart.

Während der warmen Jahreszeit ist Schwimmen hervorragend zur Kräftigung des Bewegungsapparats bei gleichzeitiger Abkühlung geeignet. Auch Jagd- und Apportierspiele können ohne Probleme ins Wasser verlagert werden. Allerdings sind Siberian Huskys gelegentlich wasserscheu und dann auch mit den schönsten Spielen und den süßesten Worten nicht zum schwimmen zu bewegen. Eine Vorstellung sämtlicher Hundesportmöglichkeiten würde den Rahmen dieses Buches sprengen. Informieren Sie sich und experimentieren Sie, welche Sportart Ihrem Siberian Husky und Ihnen liegt und am meisten Spaß macht.

Gesundheit und Pflege

Die Gesundheit ist das wertvollste Gut eines jeden Lebewesens. Auch wenn der Siberian Husky eine naturgesunde Rasse ist und keine im eigentlichen Sinne rassetypischen Erkrankungen bekannt sind, kann man Krankheiten und Verletzungen nie ausschließen.

(Foto: Schütz)

Eine naturgesunde Rasse

Das Risiko für Augenerkrankungen und Hüftgelenkdysplasie wird durch die von den Zuchtverbänden vorgeschriebenen obligatorischen Untersuchungen weitgehend minimiert; man sollte als Käufer daher darauf achten, seine Hunde tatsächlich nur bei einem von der FCI zugelassenen Zuchtzwinger zu kaufen. Bei anderen Krankheiten obliegt es den Sorgfaltspflichten des jeweiligen Züchters, betroffene Tiere aus der Zucht auszuschließen. Eine hundertprozentige Garantie kann es selbstverständlich niemals geben – aber solange der Siberian Husky konsequent auf seine Arbeitseigenschaften selektiert wird, bleibt er naturgesund. Denn nur gesunde Hunde sind in der Lage, die geforderten Leistungen als Schlittenhunde zu erbringen!

Stoffwechsel

Nur ein Hund mit funktionierendem Stoffwechsel wird auf Dauer der Arbeitsanforderung an einen Schlittenhund gerecht. Gelegentlich kommt es beim Siberian Husky allerdings zu einer Störung der Schilddrüse (Hyperthyreose oder Hypothyreose). Die Erkrankung kann in jedem Lebensalter auftreten, zeigt sich aber häufig erst mit fünf bis sechs Jahren. Aufgrund der Vielfältigkeit der klinischen Symptome (betroffen sein können das Herz-Kreislauf-System, die Haut, das neurologische System, die Fortpflanzung beziehungsweise Vitalität oder ganz allgemein das Verhalten) ist die Bestimmung sehr schwierig; eine gesicherte Diagnose kann nur mittels eines speziellen Tests erfolgen.

Weitaus häufiger als die Schilddrüsenüberfunktion (Hyperthyreose), bei der es aufgrund einer vermehrten Hormonproduktion zu einer generellen Steigerung des Stoffwechsels kommt, ist die Schilddrüsenunterfunktion (Hypothyreose). Letztere geht in ungefähr 95 Prozent aller Fälle auf eine Autoimmunerkrankung oder eine idiopathische Atrophie (Gewebeschrumpfung unbekannter Ursache) zurück; andere Ursachen können Tumoren, angeborene Schilddrüsenfunktionsstörungen, extremer Jodmangel oder Medikamenteneinwirkung sein.

Die Behandlung einer Schilddrüsenerkrankung erfolgt medikamentös. Eine Heilung ist nicht möglich, jedoch hat der behandelte und medikamentös richtig eingestellte Hund eine gute Chance auf ein artgerechtes Leben bis ins hohe Alter.

Bewegungsapparat

Ein intakter Bewegungsapparat ist für einen Schlittenhund das A und O. Grundsätzlich hängt die Stabilität des Bewegungsapparates von Genetik und Veranlagung, aber auch vom Umfeld ab. Es gibt Hunde mit sehr starkem, widerstandsfähigem Bewegungsapparat, aber auch sehr verletzungsanfällige Hunde. Den Großteil der Verantwortung für die Gesundheit der Hunde trägt daher der Mensch – zum einen durch geeignete Gestaltung des Trainings und sorgsamen Muskelaufbau, zum anderen aber auch durch adäquate Fütterung und Vermeidung von zu früher und/oder falscher Belastung. Erleidet der

*Nur mit einem gesunden Bewegungsapparat kann ein Schlittenhund Leistung erbringen. Hier trägt einer der Huskys einen Hundeschuh, da bei der Pfotenkontrolle ein kleiner Kratzer im Ballen entdeckt wurde.
(Foto: Hanselle)*

*Bei Touren oder Rennen in großer Kälte werden die Hunde in den Pausen zugedeckt. Das dient nicht nur der Gemütlichkeit, sondern hält zudem die Muskulatur warm, um Verletzungen vorzubeugen.
(Foto: Krügel)*

Hund trotz aller Vorsicht und Umsicht dennoch eine – nie ganz auszuschließende – Verstauchung oder andere Verletzung, muss er die Möglichkeit haben, sich bis zur Ausheilung zu schonen, auch wenn dies auf Kosten geplanter Aktivitäten gehen mag. Bitte scheuen Sie im Interesse Ihres Hundes auch nicht den Gang zu einem Tierarzt! Ist die Verletzung ausgeheilt, erfolgt erneut ein langsames Antrainieren mit Muskel- und Konditionsaufbau.

Weniger ist mehr: Fellpflege

Das doppellagige Fell des Siberian Huskys besteht aus dichter Unterwolle mit glattem Deckhaar und wirkt isolierend sowohl nach innen zur Speicherung der Körperwärme als auch nach außen zum Schutz vor Kälte und Nässe. Das Fell ist wenig schmutzanfällig – selbst der schlimmste Matsch und Schlamm lässt sich mit einem trockenen Handtuch abwischen oder verschwindet in kürzester Zeit wie von selbst. Keinesfalls sollte man seinen Siberian Husky waschen, duschen oder baden. Kommt man in Ausnahmesituationen einmal nicht an einer solchen Aktion vorbei (beispielsweise weil Sie mit der neu erwälzten Duftnote Ihres Haushundes so gar nicht einverstanden sind), sollte man sich auf reines Wasser beschränken oder ein mildes Hundeshampoo beziehungsweise alternativ ein pH-neutrales Babyshampoo verwenden.

Regelmäßiges Bürsten während des Fellwechsels ist hingegen sowohl bei im Haus als auch bei im Zwinger lebenden Hunden als Pflege und Unterstützung sinnvoll.

Gesundheit und Pflege

Kleine Plagegeister

Eine alte Weisheit lautet: „Wer den Hund liebt, muss auch seine Flöhe lieben!" Besonders nach Ausstellungen, Wagenrennen oder intensiven Kontakten mit „Besuchern" im Zwinger (zum Beispiel mit selbstmordgefährdeten Igeln) nisten sich Flöhe, Haarlinge oder Läuse im dichten Fell des Huskys ein. Diese lästigen Mitbewohner können Krankheiten übertragen und sollten, bei aller Liebe zu alten Weisheiten, mit einem der im Fachhandel angebotenen Spot-on-Produkte bekämpft werden.

Noch unangenehmer und den meisten Hundehaltern wesentlich besser bekannt sind Zecken. Leider gibt es gegen die kleinen Blutsauger und die von ihnen ausgehende Gefahr der Krankheitsübertragung kaum einen wirksamen Schutz. Geringfügig helfen Spot-on-Produkte, ohne jedoch das Anbeißen der Zecken verhindern zu können. Diese fallen allerdings nach dem Ansaugen und der damit verbundenen Aufnahme des Präparats schnell wieder ab, wodurch sich das Risiko, dass Erreger übertragen werden, erheblich verringert.

Krallen und Ballen – „No feet no dog"

Gesunde Krallen und Ballen gehören zu den wichtigsten Körperteilen und bedürfen gerade beim lauffreudigen Siberian Husky der sorgfältigen Kontrolle. Treten Probleme im Bereich der Pfoten auf, kann der Hund die geforderte Leistung nicht mehr erbringen. Die Krallen laufen sich zwar normalerweise bei Bewegung auf härterem Untergrund selbsttätig ab, wachsen jedoch bei länger andauernder Bewegung auf Schnee oder anderem weichen Untergrund ungehindert weiter. Zu lange, krumme Krallen können zu Verletzungen zwischen Krallen und Ballen führen und müssen daher mit einer speziellen Krallenschere oder Krallenzange gestutzt werden. Die Krallen bestehen aus Hornsubstanz mit Blutgefäßen in der Mitte, die nicht verletzt werden dürfen. Je länger die Kralle, desto länger auch das Blutgefäß. Deshalb sollten sehr lange Krallen immer nur vorsichtig zurückgestutzt werden. Bei hellen Krallen sieht man mit bloßem Auge die Blutader, bei dunklen Krallen kann eine Rotlichtlampe helfen.

Bei Zugarbeit auf harten Böden kommt es hingegen gelegentlich zu einem extremen Ablaufen der Krallen bis in den Bereich der Blutgefäße oder zu Ein- und Abrissen. Um Infektionen zu vermeiden, sollte diese Verletzung abgedeckt und der Hund erst nach dem Abheilen wieder zur Zugarbeit eingesetzt werden.

Beim Laufen auf Schnee bilden sich gelegentlich Schneeklumpen an den Haaren zwischen den Ballen und führen zu Verletzungen im Ballenbereich. Auch durch harschigen Schnee oder Streusalz kann die Ballenhaut rau und rissig werden. Es empfiehlt sich die Anwendung von Melkfett oder Vaseline. Schnittverletzungen sollten sofort desinfiziert und je nach Größe vom Tierarzt geklammert oder genäht werden. Um derartige Verletzungen bis zur Ausheilung trocken und sauber zu halten, sollte der Husky bei Spaziergängen einen Hundeschuh („Bootie") tragen.

Ein ganzes Schlittenhundeleben lang

Ein Husky, der sorgsam ernährt und gepflegt, vernünftig bewegt und trainiert und dabei weder über- noch unterfordert wurde, bleibt gesund und läuft oft bis ins hohe Alter – auch wenn Geschwindigkeit und Ausdauer mit den Jahren nachlassen.

(Foto: Schütz)

Ein ganzes Schlittenhundeleben lang

Wann ist ein Husky alt?

Hunde ab acht Jahren werden oft als Senioren bezeichnet. Ein gesunder Siberian Husky scheint aber meist in diesem Alter noch keineswegs „alt". Vielleicht lässt der altersunabhängige und häufig lausbubenhaft wirkende Charme des Siberian Huskys, vielleicht aber auch die sportliche Athletik diese Hunde sehr lange agil und jugendlich erscheinen.

Ein Husky ist erst dann alt, wenn er sich alt fühlt. Und dieser Zeitpunkt ist bei jedem Hund individuell verschieden, abhängig von Gesundheit, Haltung und den an ihn über die Jahre gestellten Anforderungen.

Bewegung und Sport mit Senioren

Auch wenn sie älter geworden sind, verlangen die meisten Siberian Huskys nach wie vor Bewegung. Viele laufen noch mit zehn und mehr Jahren längere Strecken und leisten solide Zugarbeit. Welche Leistung und wie viel Bewegung man seinem älteren Husky zumuten und abverlangen kann, ist eine mit Einfühlungsvermögen und sorgsamer Beobachtung individuell zu treffende Entscheidung, die von seiner Gesundheit, seiner Kondition und seiner Konstitution abhängt.

Bei den meisten Schlittenhunderennen, insbesondere bei Wagenrennen, gibt es eine spezielle

Die beiden Rüden Ranger und Storulv in diesem Pulka-Team von Klaus Holtmann sind schon neun Jahre alt und noch topfit. (Foto: Schätz)

Rennklasse für ältere Hunde, die „Happy-Dog"-Klasse. Auch hier zeigt sich deutlich, dass ältere Hunde nach wie vor laufen können und vor allen Dingen laufen möchten – auch wenn man sie nicht mehr in einem Gespann mit vielen jungen Energiebündeln rennen lassen sollte.

Falls ein Senior Probleme mit dem Bewegungsapparat hat und er aus diesem oder einem anderen Grund keine Zugarbeit mehr leisten kann, bleiben Ausflüge neben dem Fahrrad, Joggen oder Spazierengehen eine geeignete Bewegungsmöglichkeit. Allgemein gilt, dass eine dem Alter angemessene Bewegung Hunde fit und gesund hält.

Ernährung und Supplementierung von Senioren

Viele Futterfirmen bieten spezielle Futtermittel für Senioren an, deren Zusammensetzung „Light"-Produkten ähnelt und die demzufolge meist fettreduziert sind. Dieses Futter ist sicherlich geeignet für Hunde, die sich wenig bewegen, nicht aber für nach wie vor aktive Senioren mit Bewegungsanspruch. Hier sollte man – ebenso wie bei allen Schlittenhunden – darauf achten, ein Futter mit ausreichend Energie zu verwenden. Zur Unterstützung des Bewegungsapparates können Muschelextrakt und Gelatinehydrolysat beigefüttert werden.

Typische Wehwehchen der Senioren

Im Alter lassen meist Beweglichkeit, Seh- und Hörvermögen nach. Auch finden sich häufig Verschleißerscheinungen an Gelenken, Knochen und Wirbelsäule, bei denen, nach entsprechender Diagnose, oftmals eine unterstützende Behandlung mit homöopathischen und Naturheilmitteln hilfreich ist.

Trübe Augen und ein schlechter werdendes Hörvermögen erschweren dem älteren Hund den Alltag. Manche Hunde werden senil, gelegentlich auch desorientiert. Man sollte seinen Siberian Husky genau beobachten und überlegen, wie man ihm die Bewältigung der alltäglichen Probleme so leicht wie möglich machen kann. Allgemeine Rezepte gibt es nicht – aber jeder, der seinen Hund kennt, wird die für ihn passende Hilfestellung leicht finden.

Die Familie der Schlittenhunde

Der Siberian Husky ist zwar der Hund, der gemeinhin mit dem Begriff „Schlittenhund" assoziiert wird – aber er ist beileibe nicht der einzige Vertreter dieser Gattung.

(Foto: Hauselle)

Andere FCI-Schlittenhunde

Zu den Nordischen Hunden zählen nach FCI-Reglement neben dem Siberian Husky noch der Alaskan Malamute, der Samojede und der Grönlandhund – alles Schlittenhunde. Der Alaskan Malamute sieht dem Siberian Husky äußerlich ähnlich, ist aber größer und schwerer und wird wegen seiner Fähigkeit, bei langsamer Geschwindigkeit Lasten über lange Strecken zu ziehen, auch als „Lokomotive des Nordens" bezeichnet. Der Grönlandhund findet auch heute noch bei den Inuit Verwendung zur Jagd und Fortbewegung mit Lasten. Den Samojeden kennzeichnen ein reinweißes Fell und eine typische Mimik – vermenschlicht betrachtet, scheinen diese Hunde stets zu lachen. Alle diese Hunderassen zeichnen sich durch Genügsamkeit, Ausdauer und die typische „nordische Sturheit" aus.

Schlittenhunde ohne Rassereglement

Zur Erreichung insgesamt höherer Geschwindigkeiten wurde im Schlittenhundesport bereits vor längerer Zeit begonnen, Nordische Hunde mit anderen lauffähigen Hunderassen, vorwiegend Jagdhunden, zu kreuzen. Entstanden ist hieraus eine überwiegend uneinheitlich wirkende „Rasse", die mit den Begriffen „Alaskan Husky" (von Typus und Aussehen her eher nordisch wirkend) oder „Hounds" (von Typus und Aussehen mehr den Jagdhunden ähnelnd) bezeichnet wird. Bei einzelnen Züchtern zeigen diese Hybriden durch konsequente Selektion ein zunehmend einheitliches und durchaus als typisch zu bezeichnendes Äußeres, beispielsweise die meist deutlich zu identifizierenden sogenannten „German Trailhounds".

Der immer „lächelnde" Samojede ist ein lebhafter, aufgeweckter Begleiter für verschiedenste Outdooraktivitäten. (Foto: Plöchl)

Die Familie der Schlittenhunde

Siberian Huskys sind zähe und genügsame Hunde, die sogar im Schneesturm souverän ihren Weg finden. (Foto: Hanselle)

Ein nordischer Einschlag zeigt sich insbesondere am Fell der Tiere: Der Alaskan Husky hat dichteres Fell und wird überwiegend dort eingesetzt, wo lange Rennen bei kalten Temperaturen gefahren werden, etwa in Alaska oder Skandinavien. In Mitteleuropa verdrängen die insgesamt besser an das hiesige wärmere Klima angepassten und aufgrund ihrer Schnelligkeit und der fehlenden „nordischen Sturheit" beliebten Hounds bei Schlittenhunderennen zunehmend die „klassischen" Schlittenhunde.

Trotz dieser Entwicklung im Schlittenhundesport gibt es nach wie vor viele Musher, die von ihren Siberian Huskys überzeugt sind und für die nie eine andere Hunderasse infrage käme. Der Siberian Husky wird nicht nur über seine Geschwindigkeit als Schlittenhund bei Rennen definiert, sondern ist viel mehr als nur das: Er ist ein Hund, der aufgrund seines eigenständigen Charakters fasziniert und durch seinen oft schelmischen Charme bezaubert.

Wichtige Adressen
rund um den Siberian Husky

Siberian Husky Club Deutschland e. V. (SHC)
www.huskyclub.de
SHC Geschäftsstelle: Angelika Dietrich
Alslebener Straße 8 · 06425 Plötzkau
info@huskyclub.de
Pressewart: Silvia Roppelt
Brensdorf 16 · 92551 Stulln
Tel.: 09435 502099 · Fax: 09435 307243
frankoniapower@t-online.de

Deutscher Club für Nordische Hunde e. V. (DCNH)
www.dcnh.de
Geschäftsstelle: Sabine Betz
Hauptstraße 16 · 91456 Stübach
Tel.: 09161 8824932 · Fax: 09161 8824933
info@dcnh.de

Arbeitsgemeinschaft Schlittenhundesport Deutschland e. V. (AGSD)
www.agsd.info
Geschäftsstelle: Peter Rücker
Hoffeld 26 · 52382 Niederzier
Tel.: 02428 1562 · Fax: 02428 803903
service@agsd.info

Deutscher Schlittenhundesport-Verband e. V. (DSSV)
www.dssv.org
Geschäftsstelle: Sandra Koch
Lobenhäuser Straße 14 · 34587 Felsberg
Tel.: 05662 2586 · Fax: 05662 400774
office@dssv.org

Über die Autorinnen

Nicole Perfeller mit ihren drei Schlittenhunden: der Mischlingshündin Mira und den beiden Siberian Huskys Lucky und Vendic. (Foto: Perfeller)

Silvia Roppelt mit ihrem ersten Siberian Husky, dem inzwischen 14-jährigen Rick. (Foto: Roppelt)

Bereits am Beispiel des Autorenteams zeigt sich, wie unterschiedlich das Leben mit Siberian Huskys gestaltet werden kann.

Während Silvia Roppelt mit ihrem Mann und einem großen, in einer entsprechenden Zwingeranlage untergebrachten Rudel Siberian Huskys in der Oberpfalz lebt und diese Rasse unter dem Zwingernamen Frankoniapower auch züchtet, hält die bei Aachen als Rechtsanwältin tätige Nicole Perfeller neben einer Mischlingshündin zwei Siberian Huskys im Haus. Silvia Roppelt und ihr Mann nehmen mit ihren Hunden an internationalen Schlittenhunderennen teil; Nicole Perfeller fährt mit Mann und Hunden – außer im Urlaub im schneereichen Schweden – überwiegend durch die heimischen Wälder und gelegentlich auf kleinere nationale Rennveranstaltungen.

Beide Autorinnen haben bereits Artikel in verschiedenen Schlittenhunde- und Hundezeitschriften veröffentlicht und engagieren sich im Siberian Husky Club Deutschland e. V. (SHC): Silvia Roppelt als Zuchtwartin und Vorstandsmitglied, Nicole Perfeller als Ehrenratsvorsitzende. Silvia Roppelt ist darüber hinaus Redakteurin und Ansprechpartnerin für die Pressearbeit im SHC.

(Foto: Juszczyk)

Stichwortregister

- Agility 48, 64
- Aufzucht 22, 23
- Ausstellungswesen 24
- Bewegungsapparat ...... 50, 64, 65, 67 ff., 72
- Bicolor 18
- Bikejöring .... 50, 54 ff., 61
- Booties 12, 59
- Canicross .... 50, 54 ff., 61
- Dark Face/Dirty Face 18
- Diphtherieepidemie 11
- Energie 19, 35, 64, 72
- Ernährung 60, 63, 72
- Erziehung .... 19, 22, 32, 36, 39, 40 ff., 44, 45 ff., 65
- Fahrrad .... 26, 27, 50, 51, 54 ff., 61, 64, 72
- Formwertnote 21
- Fütterung 67
- Gespann 72
- Herz-Kreislauf-System 21, 67
- Hitzschlag 62
- Hüftgelenkdysplasie 23, 67
- Instinkt 19, 24, 40, 42, 46, 47, 64
- Interaktion 28, 29
- Joggen 27, 50, 65, 61, 72
- Junghunde 38, 44, 45, 60, 61
- Kastration 11, 38, 39
- Körung 21
- Laufgeschirr 54
- Leinenpflicht 47
- Maske 13, 14, 18
- Musher .... 11, 51 ff., 57, 59, 75
- Muskelaufbau 67
- Natural Dogmanship® 47
- Papiere 23
- Pinto 18
- Pulka 50, 53, 56, 57, 71
- Rangordnungsphase 44
- Rassestandardq 14, 16, 20, 21
- Roller 26, 50, 51, 54, 56,
- Rudel 18, 21, 29, 30, 33, 35, 36, 43, 53, 58,
- Rudelordnungsphase 44, 45
- Scheinträchtigkeit 38
- Schlitten .. 11, 26, 50, 52, 53, 55, 57, 58, 59
- Schlittenhunderennen 12, 23, 51 ff., 71, 75
- Schneerennen 51, 53
- Schwimmen 65
- Senioren 55, 71, 72
- Seppala, Leonard 11, 12
- Skijöring 53, 54, 57
- Sozialisierung 42, 43
- Sozialkontakt 30
- Sportliche Betätigung 26, 36, 64
- Stoffwechsel 21, 67
- Stubenreinheit 31, 32
- Temperatur 28, 33, 48, 50, 61, 62, 63, 75
- Touren 50, 58, 68
- Training .... 22, 50, 60 ff., 67
- Trainingsgerät 50, 57, 64
- Trainingswagen 50, 51, 58, 61
- Transportmöglichkeit 59
- Trummler, Eberhard .... 42 ff.
- Tschuktschen 11
- Vereine 21, 23, 54
- Verletzungen .... 34, 37, 59, 66 ff.
- Wagenrennen 51, 52, 69, 71
- Welpen .. 9, 22, 23, 30, 31, 36 ff., 42 ff., 59
- Züchter .... 14, 21 ff., 42, 67, 74
- Zugarbeit 14, 21, 26, 31, 38, 50, 54, 64, 65, 69, 71, 72
- Zwinger .... 13, 30 ff. 60, 68, 69

CADMOS HUNDEBÜCHER

Kerstin Miehlke
Die Anatomie des Hundes

In diesem Buch finden Sie alle wichtigen Informationen über den Körperbau, die Funktion des Bewegungsapparates, innere Organe, Nervensystem und Sinnesorgane beim Hund. Detaillierte Zeichnungen veranschaulichen ergänzend die anatomischen Gegebenheiten.

96 Seiten, gebunden
ISBN 978-3-86127-793-4

Dr. Gabriele Lehari
Hunde richtig verstehen

Wenn wir Hunde richtig verstehen, können wir ihnen auch besser vermitteln, was wir von ihnen verlangen – eine grundlegende Voraussetzung für ein harmonisches Miteinander von Mensch und Hund. Wie man die „Sprache" der Hunde richtig interpretiert und was bestimmte Verhaltensweisen bedeuten, ist in diesem Ratgeber anschaulich erklärt.

32 Seiten, broschiert
ISBN 978-3-86127-652-4

Dorothee Dahl
Graue Schnauzen

Hundesenioren haben andere Bedürfnisse als junge Hunde. In diesem umfassenden Ratgeber für Besitzer und Pfleger alter Hunde erhält der Leser wichtige Informationen zu Ernährung, Gesundheit, alterstypischen Verhaltensweisen und zur Kommunikation, damit es schöne goldene Jahre werden.

80 Seiten, broschiert
ISBN 978-3-86127-754-5

Martina Nau
Auf und davon

Außerhalb des beabsichtigten jagdlichen Einsatzes kann eine ausgeprägte Jagdleidenschaft sowohl für den Hund als auch für den Besitzer zu großen Problemen führen. Dieses Buch bietet die Lösung: ein hundefreundliches systematisches Antijagdtraining für alle Hunde, die unerwünschtes Jagdverhalten zeigen.

80 Seiten, broschiert
ISBN 978-3-86127-755-2

Werner Biereth
Fährtenarbeit

Die Nase ist das am höchsten entwickel Sinnesorgan des Hundes. Daher kann jeder Hund mit der Nase suchen und ein Fährte verfolgen. Die Fährtenarbeit ist eine artgerechte Beschäftigungsmöglic keit, gehört zur Ausbildung der Gebrauchshunde und ist eine Disziplin b der Vielseitigkeitsprüfung.

80 Seiten, broschiert
ISBN 978-3-86127-732-3

Cadmos Verlag GmbH · Im Dorfe 11 · 22946 Brunsbek
Tel. 04107 8517-0 · Fax 04107 8517-12
Besuchen Sie uns im Internet: www.cadmos.de